JN438859

Landscape Architecture Détail

조경 디테일

L a n d s c a p e
A r c h i t e c t u r e

Détail 조경 디테일

초판 1쇄 펴낸날 2006년 8월 24일

지은이 이상석
펴낸이 오휘영
펴낸곳 도서출판 조경

등록일 1987년 11월 27일 / 신고번호 제406-2006-00005호
주소 경기도 파주시 교하읍 문발리 파주출판도시 529-5
전화 031.955.4966~8
팩스 031.955.4969
전자우편 klam@chollian.net

편집 남기준 / 디자인 박선아
필름출력 오렌지P&B / 인쇄 오렌지프린테크

ⓒ 이상석, 2006

ISBN 89-85507-38-9 93600

* 지은이와 협의하여 인지는 생략합니다.
* 파본은 교환하여 드립니다.

정가 28,000원

Landscape Architecture

Détail

조경 디테일

이상석 지음

도서출판 조경

지은이의 말

조경 디테일의 아름다움에 대한 관심은 저자가 2000년부터 시작한 메모리얼에 대한 연구로부터 시작된다. 저자는 연구를 진행하면서 그동안 외부공간에 만들어진 조경시설물에 대하여 미적 요소로서 새로운 시각을 갖기 시작하였다. 그러나 본 저서의 원고가 만들어지게 된 직접적인 계기는 2002년 창간된 격월간 『조경시공』에 조경 디테일 시리즈를 연재하면서부터이다. 지금도 조경 디테일이라는 명칭에 대해서는 확신을 가지고 있지 못하지만 뚜렷하게 달리 붙일 이름을 찾지 못하였다.

원고를 처음 쓰기 시작할 때 저자의 손에 쥐어져 있는 유일한 자료는 그동안 현장을 답사하거나 먼 거리를 이동할 때 머릿속에 떠올랐던 잔상들을 적어놓은 노트뿐이었다. 스스로 인정하듯이 필력도 없고 참고할 만한 자료도 그리 넉넉하지 않으니 원고청탁을 받아 놓고는 무려 한 달간 무엇을 써야 할지, 어떤 체계로 구성해 나가야 할지 고민의 연속이었다. 마치 발명품을 만들어내듯이 새로운 내용을 첨가하고 수정하기를 되풀이하여 간신히 첫 번째 주제였던 '계단'에 대한 집필을 마칠 수 있었다. 처음에는 외부공간에서 조경 디테일을 보는 명확한 틀을 세우지 못한 채 접근하다가 점차적으로 조형요소의 근원으로서 자연과 문화 그리고 조형요소와 아름다움 쪽으로 관심을 넓혀나갔다. 또 하나의 고민은 연재 주제의 순서였다. 본서에서 선정된 주제는 외부공간을 구성하는 주요한 구조골격요소로서 개체적으로 강력한 조경설계의 수단이 될 수 있는 것을 대상으로 하여, 『조경시공』에 게재된 '계단, 메모리얼, 흙 조형물, 아치, 벽…… 경계'의 순서로 원고를 수록하였다. 게재 후담을 통하여 집을 짓듯이 원고의 주제를 결정하였다고 밝힌 바 있어, 마치 치밀한 계획 아래 글이 집필된 것처럼 느끼실 분도 계실지 모르겠지만, 사실은 집을 지어가면서 그때그때마다 필요한 주제를 결정하였다. 다행스럽게도 별다른 사고 없이 8번에 걸친 연재를 무사히 마칠 수 있었으며, 1년 반 동안의 집필과정을 통해 외부공간의 조경 디테일이 미학적으로 새로운 가능성을 갖는 매체임을 확인할 수 있었다.

여기서 앞서 발간된 저서인 『경관, 조형 & 디자인』과 본서와의 관계를 언급하지 않을 수 없다. 사실 순서로는 맞는 듯하지만 실제 저자의 저술과정은 거꾸로 뒤바뀌어 진행되었다. 먼저 이 책의 원고를 쓰고 난 후, 이것을 뒷받침하기 위한 이론서로서 『경관, 조형 & 디자인』을 저술하기 시작했으나 논리적으로 볼 때, 이론서를 먼저 내세우는 것이 좋을 것 같아 본서의 출간이 미루어졌다. 따라서 이 책의 내용은 『경관, 조형 & 디자인』의 이론이 적용된 대상으로서 8가지의 조경 디테일에 대해 기술한 것이다.

원고를 작성하는 도중에 논리적인 비약이나 주관적인 견해가 지나치지 않도록 노력하였음에도 불구하고, 마무리하고 보니 곳곳에 지나치게 자유로운 내용들이 엿보인다. 더욱 저자에게 부담스러웠던 것은 글의 많은 부분이 외국 사례를 인용하고 있어, 우리의 것을 밝히는데 충실치 못했던 점에 있다. 반대로 이를 피해나가기 위해 조형요소의 인식에 있어 문화적 보편성을 강조하였음을 지적하지 않을 수 없다. 아울러 장르를 초월한 다양한 사례는 논의의 초점을 산만하게 하는 원인이 되고 있음도 부인할 수 없다. 이러한 문제는 저자의 얇은 지식에서 비롯된 것이고 조금이라도 더 보여주고자 하는 저자의 알량한 선의라고 이해를 구하고 싶다. 제현들의 아낌없는 충고를 바라며 앞으로도 지속적인 보완과 수정을 약속드리고, 이 책이 조경 및 조형예술에 관심이 있는 일반인과 전문가에게 널리 이용되어 외부공간을 보다 아름답고 의미있는 공간으로 바꿀 수 있는 밑거름이 되기를 바란다.

감사의 글

이 글이 있을 수 있도록 『조경시공』에 기고할 기회를 주시고 출판을 지원해주신 오휘영 교수님, 연재로부터 책을 만들기까지 늘 차분하게 글을 쓸 수 있도록 도와준 남기준 부장, 조수연 기자, 박선아 디자이너, 원고교정과 자료 스캔을 위해 많은 도움을 준 순천대학교 조경학과의 정인호 선생, 이창훈 조교, 책을 저술하기까지 후원을 아끼지 않은 남웅, 이덕범 님에게 감사드리고 싶다. 이 밖에도 좁은 지면으로 일일이 소개를 하지 못하는 현장, 설계실, 강의실에서 만났던 많은 분들에게 고마움을 표하고 싶다.

CONTENTS

시작하며

외부공간을 구성하는 다양한 조경요소는 조경시설물, 조형물, 조형요소 그리고 조경 디테일 등으로 관점에 따라 다양하게 불릴 수 있다. 앞서 발간된『경관, 조형 & 디자인』에서는 개별적인 미적 완성체로서 '조형물'과 전체를 구성하는 부분으로서 '조형요소'로 구분을 하였다. 본서에서 다루고자 하는 대상은 아무래도 '조형요소'의 속성이 강하며, 그것도 조경시설물의 요소에 해당되므로 본서에서 다루고자 하는 조경요소를 서양에서 보편적으로 사용하는 'landscape details'이라는 표현에 따라 '조경 디테일'로 부르고자 한다. 그러나 서양에서도 용어의 적합성에 대한 논란이 있고 저자 역시 '조경 디테일'이라는 명칭에 대하여 확신을 가지고 있지 못하므로 앞으로 지속적인 관심을 가지고 보아야 할 것 같다.

8가지 조경 디테일의 특성

첫째, 각 요소는 인간의 삶과 역사와 긴밀한 관계를 맺고 있다. 계단은 인류의 위대한 발명품이기도 하다. 곡식을 저장하고 맹수의 공격으로부터 피하기 위해 인간은 사다리를 만들었다. 죽은 사람을 묻고 남는 흙으로 봉분을 만든 것이 오늘날 묘지의 기원이다. 당초 기둥과 인방구조로부터 시작된 구조물은 로마시대에 들어서면서 아치라는 독특한 구조형태가 개발되어 궁륭, 돔으로 발전하여 오늘날에 이르고 있다. 기둥도 마찬가지이다. 도릭식, 이오니아식, 고린도식 기둥이 지금도 계속되고 있다.

둘째, 인류 문명의 공통성과 정체성을 보여주는 요소이다. 계단, 아치, 벽, 기둥은 문명과 국가를 뛰어넘어 인류의 오랜 역사에 걸쳐 공통적으로 등장하는 요소이다. 인류의 유전적 코드의 동질성은 인간으로 하여금 정원을 만들거나 조형작업에 있어서 유사한 일을 되풀이하게 하는 공통성을 보여준다. 반면 무덤이나 기둥에서 볼 수 있듯이 지역과 문명에 따라 달리 나타나는 양식은 각 문명의 정체성을 보여준다.

셋째, 조형요소로서 고유한 조형적 특성을 가지고 있다. 이것은 더 이상 분해될 수 없는 형태의 근원성에 기인한 것이다. 조형적으로 계단은 답면과 축상으로 짜여진 구조물이다. 외부공간에는 다양한 계단이 있지만 어느 것도 이러한 기본구조를 벗어나는 것은 없다. 단지 서로의 비율을 달리하거나 단의 수를 바꾸거나, 미적 효과를 높이기 위한 시도가 추가되는 것뿐이다.

넷째, 조경공간을 구성하는 주요한 구조적 요소이다. 이 8가지 요소만 있으면 못 만들 것이 없다. 바닥을 다지고 기둥이나 벽을 세우고 아치로 문을 만들고 담을 둘러쳐 경계를 만들 수 있다. 여기서 말하는 8가지 요소만 잘 사용해도 뛰어난 설계개념을 구현하기에 충분하다. 조경설계에서 가장 난이도가 높으며, 고도의 상징성을 추구하는 메모리얼을 사례로 보자. 워싱턴 D.C.에 있는 베트남 메모리얼은 기념벽

미국 포틀랜드 산림박물관. 나이테를 새긴 돌 조각, 계단과 테라스, 돌로 마감한 벽, 조명등이 외부공간을 짜임새 있게 구성하고 있다

과 흙 조형물로 만들어진 메모리얼이며, 베를린에 만들어진 유대인 메모리얼은 기복이 있는 지형에 육면체를 만들어 조성한 메모리얼이다.

마지막으로 조경설계의 표현매체로서 높은 상징성을 가지고 있다. 조경 디테일 이상의 설계의 표현 매체로서 중요한 가치를 갖는다. 즉 개체적으로 조형미를 갖고 있지만 상징적 매체로서 사용될 수 있다는 것이다. 예를 들어 계단은 오르고 내리기 위한 실용성이 주요한 기능이지만 파르테논 신전의 단, 108 계단, 해의 피라미드의 계단은 기능보다는 상징성이 더욱 중요하게 느껴진다. 벽도 마찬가지이다. 건물을 지탱하는 것이 중요한 구조적 기능이지만 때로는 벽보를 붙이고 낙서를 하며, 베를린 장벽처럼 분단을 상징하기도 한다. 바닥도 마찬가지이다. 단순하게 말하면 바닥은 포장이다. 그러나 거리의 화가나 조경가에게 바닥은 단순히 포장이 아니라 아름다움을 표현하기 위한 무대가 되기도 한다.

조경 디테일에 대한 관심

이와 같이 인간과 오랜 시간을 함께하고 고유한 조형성, 구조성, 상징성을 갖는 조경 디테일을 기

히로시마 평화기념관 경사로. 경사로는 장애인의 휠체어 이동을 위해 만들어지지만 때로는 조형적인 아름다움을 보여주기도 한다

원, 유형과 종류, 조형적 아름다움, 조경 · 건축 · 예술 분야 등에서의 응용으로 구분하여 설명하고자 한다. 특히 조경 디테일의 기원과 아름다움은 주요한 논의의 대상이 된다.

인간이 살아가는 환경은 자연과 인간이 만든 문화요소로 구성되어 있다. 그러므로 우리는 조형을 위한 아이디어를 자연과 문화로부터 얻게 된다. 자연은 인간의 삶의 조건을 결정하며 인간을 지배하는 근본적 요소로서 우리가 자주 사용하는 '당연當然하다' 는 말은 '자연自然을 따른다' 는 의미를 가지고 있어 조형의 근원으로서 자연의 중요성을 깨닫게 한다. 자연과 문화의 관계에 대해서는 많은 논쟁이 있어왔지만 조형의 모티브로서 자연은 보다 근원적인 반면, 문화는 자연에 종속적인 것으로 조형예술의 배경이라고 생각한다. 그러나 문화의 정체성은 자연보다도 더욱 두드러지기 쉬우므로 조경요소에 상대적으로 큰 영향력을 발휘하기도 한다.

조경 디테일의 아름다움을 논하는 것은 복잡하고 혼돈의 여지가 있다. 아름다운 사물이나 현상에 대한 반응은 주관적이므로 개인의 경험에 따라 다르게 나타난다. 과학적인 방법을 이용하여 이를 측정하기도 하지만 개인적 편차를 명확하게 규명하기 쉽지 않다. 더구나 아름다움에 대한 판단이 형식미에 그치지 않고 추상적인 아름다움을 논한다면 그 양상은 더욱 복잡해지게 된다. 어쩌면 일상적 용어로서 사용되고 있는 '아름답다' 는 표현은 예술적 가치를 설명하는 개념으로서는 다소 애매하고 부족한 표현이라고 할 수 밖에 없다. 그래서 불가피하게 우리는 형식미 이상의 상징미에 관심을 가지게 된다. 그러나 상징미는 문화와 경험을 공유하지 못하게 되면 해석이 달라질 수 있으므로 사람들이 보편적으로 공유하는 미적 가치와 의식체계의 범주에서 상징미에 대한 일반화된 논의를 할 수 있으며, 이것을 벗어나는 추상미에 대해서는 다양한 해석이 불가피하다.

이와 같이 저자는 논의의 전개에서 각 조경 디테일의 역사성, 조형성, 구조성, 상징성 등 고유한 특성에 주목할 것이며, 이것을 토대로 하여 조형요소의 기원, 유형과 종류, 조형적 아름다움, 조경 · 건축 · 예술 분야에 적용 가능한 사례에 관하여 서술하고자 한다. 이를 통하여 설계매체로서 조경 디테일의 잠재력을 높이고자 한다. 또한 여기서 논의되는 내용은 조경가나 환경조각가와 같은 전문가뿐만 아니라 일반인의 접근이 가능하도록 하고자 하며, 조경 · 건축 · 예술 등 장르간의 경계를 낮추어 상호소통의 기회를 제공하고자 한다.

Landscape Architecture **Detail**

1_ Step 계단

계단의 재료와 종류 / 계단의 규격 / 자연의 계단 / 계단의 형식미 / 계단의 상징 / 물과 계단 / 무대로서의 계단 / 나선형 계단 / 테라스 계단 / 기념의 계단 / 정원과 공원의 계단 / 놀이를 위한 계단

01 Step
계단

메소포타미아 공중정원. 기원전 5백년 경 바빌론에 만들어졌는데, 연속된 계단식 테라스로 된 노대에 풀과 꽃, 나무를 심어 멀리서 보면 마치 작은 산처럼 보였다(출처: Howard Loxton, *The Garden*, London: Thames and Hudson, 1991, p.14)

덴마크 르주르 마을의 V자 홈 사다리Notched log ladder at Lejre in Denmark. 철기시대에 사용하던 V자 홈 사다리로, 인류문명 초기에 쓰였던 사다리의 모습이 어떠했는지를 잘 보여주고 있다(출처: Cleo Baldon · Ib Melchior with Julius Shulman, *Step & Stairways*, New York: Rizzoli International Publications, Inc., 1989, p.15)

인간은 정착하기 시작하면서 집을 만들고 곡식을 저장하고 물건을 높은 곳으로 운반하기 위해 사다리가 필요하였을 것이다. 덴마크의 르주르에 있는 철기시대의 마을에서 사용하던 V자 홈 사다리는 인류문명 초기에 쓰였던 사다리의 모습이 어떠했는지를 잘 보여주고 있다.

이보다 더 큰 규모의 계단으로는 기원전 5백년 경 바빌로니아 왕국의 수도인 지금의 이라크 남부지방에 위치해있는 바빌론에 만들었던 공중정원 Hanging Gardens이 있다. 세계 7대 불가사의 중 하나인 이 공중정원은 공식적으로는 '세미라미스의 공중정원' 이지만 실제 공중정원 건설을 추진한 사람은 네부카드네자르 2세로 거론되고 있다. 이 정원은 토대를 세우고 여기에 한 층을 만들고 그 위에 기름진 흙을 채우고 화단을 만들었다. 지금은 흙 속에 묻혀져 버리고 말았지만 연속된 계단식 테라스로 된 노대에 풀과 꽃, 나무를 심었기 때문에 멀리서 보면 마치 삼림으로 뒤덮인 작은 산과 같았다. 그리스 역사가인 디디오르Diodorus Siculus는 한 변이 120미터에 이르는 사각형으로 마치 극장무대를 닮았다고 하였다.

이와 다르게 농경문화와 지형적 특성으로 인하여 우리나라에는 비탈진 경사지에 많은 논을 꾸몄다. 비록 농촌의 근대화라는 명목 아래 기계화 바람이 거세게 불고 아울러 경지정리에 의해 과거의 모습을 많이 잃어버렸지만, 다행히 높은 곳에 위치한 비탈면에는 과거와 같이 소 쟁기질을 하고 지게로 거름을 나르고 나락을 날라야만 하는 계단식 경작지가 남아있다. 이러한 계단식 경작지는 마치 자연의 지형이 등고선을 따라 흐르는 듯한 느낌을 주는데, 삭막하고 인공적인 도시에 사는 사람들에게는 전통적인 향수를 느낄 수 있게 하는 훌륭한 매체가 되고 있다.

이와 같이 인간이 삶을 영유하기 위한 수단으로 사용해 온 계단은 시대와 지역을 뛰어넘어 인류에게 보편적인 발명품이 되었으며, 시간이 지나면서 점차적으로 인간에게 편리함을 가져다줄 뿐만 아니라 인간의 의지와 소망을 나타내는 매체이자 그 자체가 심미적 감흥을 주는 하나의 훌륭한 경관 요소로 발전하게 되었다.

전남 낙안의 계단식 경작지. 마치 자연의 지형이 등고선을 따라 흐르는 듯한 느낌을 준다

계단의 재료와 종류

고대로부터 지금까지 계단을 만들기 위해 사용된 재료는 돌, 나무, 흙, 점토 등인데, 이 가운데 초기에는 돌의 사용이 빈번했다. 외부공간에 설치된 계단은 때로 강렬한 햇빛과 폭우와 같은 악천후에도 견뎌야 하고 심한 기온차에도 노출되어야 했는데, 이와같은 혹독한 환경에서 계단에 요구되는 기능, 구조성능, 그리고 내구성을 충족시키는데 돌만한 재료가 없었던 것이다. 그러다가 기원전 3천 년경에 이르러 점토소성기술이 발명되어 개발된 소성벽돌등 점토소성제품이 계단을 만드는데 많이 쓰이기 시작했는데, 이 점토소성 재료는 다양한 형태와 색채를 연출할 수 있고 내구성이 우수한 장점이 있었다. 이후 청동보다 강한 단철鍛鐵;wrought iron이 기원전 2천 년경부터 18세기까지 사용되었으나 19세기부터 활발하게 사용되기 시작한 강재에 의해 대체되어 지금은 강도와 내구성이 보다 뛰어난 강재가 계단의 주요한 구조재로 사용되고 있다.

한편 19세기에 들어서 오늘날의 시멘트와 유사한 포트랜드 시멘트가 개발되고 19세기말에 콘크리트에 철선을 삽입하여 만든 강화콘크리트가 개발되었는데, 자유로운 형태를 만들기 용이하고 구조적으로도 뛰어나 계단을 만드는데 많이 활용되었다. 최근에는 부패와 내구성의 문제로 사용이 기피되던 목재가 방부기술이 발

자연석 계단. 자연에서 쉽게 구할 수 있고 기능과 내구성이 뛰어난 자연석은 계단을 만드는데 좋은 재료였다

석재 계단. 외부공간에 설치되는 계단은 강렬한 햇빛과 폭우, 폭설과 같은 악천후에도 견뎌야 하기 때문에 혹독한 환경을 견딜 수 있는 내구성이 우수한 재료가 주로 많이 사용된다(하단 좌측)

벽돌 계단. 벽돌은 다양한 형태와 색채를 연출할 수 있고 내구성이 우수한 장점이 있다(하단 우측)

1	2
3	4

1. 주철 계단. 철재는 강도와 내구성이 우수해 계단에 흔히 사용되곤 한다(출처: Cleo Baldon, Ib Melchior, Julius Shulman, *Step & Stairways*, New York: Rizzoli, 1989)

2. 콘크리트블록 계단. 콘크리트는 자유로운 형태를 만들기 용이하고 구조적으로도 뛰어나다

3. 석재타일 계단. 석재는 가장 일반적인 재료이다

4. 목재 계단. 목재는 내구성이 약해 외부공간 사용이 기피되어 왔으나, 방부기술의 발전에 의해 외부 계단에도 곧잘 사용되고 있다

전함에 따라 침목이나 방부목 등이 계단에 사용되고 있으며, 심지어는 강도와 취성 때문에 외부공간에 사용이 어려웠던 유리가 고밀도로 개발된 도시의 계단에 사용되어 투명함과 빛의 아름다움을 잘 드러내기도 한다.

유리계단. 깨지기 쉬운 성질 때문에 외부공간에 사용하기 조심스러웠던 유리도 최근에는 대도심을 중심으로 점차 도입이 확산되고 있는 추세다

계단의 규격

계단과 관련하여 우리는 여러 가지 과학적 · 심리적 · 공학적 · 예술적 측면에 대한 연구자적인 관심을 기울일 필요가 있다. 과학적인 측면에서 인간의 에너지 소모와 계단의 표준규격과의 관계, 심리적인 측면에서 오름과 내림의 과정에서의 편안함과 심리적 안전성, 공학적 · 예술적 측면에서 마찰에 의한 마모와 재료의 조각적 활용 가능성이 그 대상이 된다.

계단은 사용되는 재료, 주변 환경, 구성방식에 의해 다양하게 분류가 되지만, 실용적인 목적을 위해 계단의 기하학적인 형태와 규격은 인간의 신체치수에 따른 보폭에 따라 결정되어야 한다. 만약 이러한 조건을 충족시키지 못한다면, 걸음이 불편해지게 되고 계단을 잘못 디뎌 사고의 우려가 높아진다.

이러한 계단의 규격은 오래 전부터 사람들의 관심이 되어 왔는데, 기원전 1세기경 로마의 건축가 비트루비우스Marcus Vitruvius Pollio는 『De Architectura』에서 편안한 단의 높이는 23~25.5cm, 단의 깊이는 46~61cm가 적당하다고 하였다. 또한 18세기 중반 쟈크 브론델Jacques Francois Blondel은 『Cours d'architecture』에서 사람의 보폭은 61cm이며, 단 높이의 2배와 단 깊이를 더해서 보폭과 같아야 한다고 주장하였다. 만약 단 높이가 12.5cm이면 깊이는 36cm, 15cm이면 31cm가 적합하며, 단 높이가 10cm보다 작거나 깊이가 28cm보다 작을 경우에는 어느 경우이든 부적합하다고 하였다. 최근에 조경분야에서 옥외계단을 위해 적용하고 있는 기준은 단 높이의 2배와 단 깊이의 합이 60~68cm 정도이며, 단 높이는 11~18cm, 단 깊이는 30~37cm가 적절한 것으로 인식되고 있다.

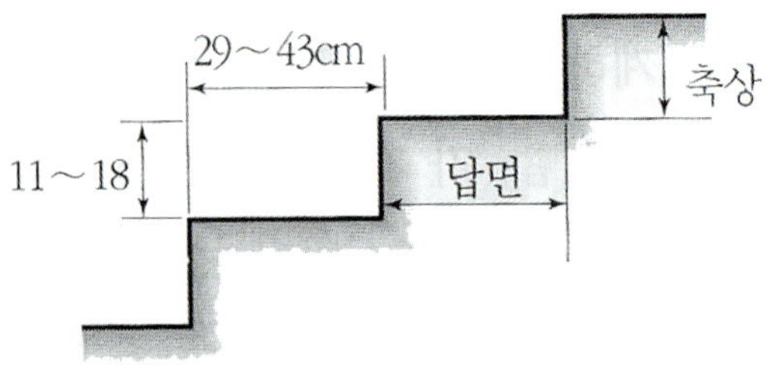

계단의 단면

옥외공간의 계단은 실내계단보다 안전하고 이용이 편리해야 하므로 부연하여 몇 가지 조건을 들 수 있다. 옥외공간에서 계단의 폭은 두 사람이 통과할 수 있도록 최소 1.5m 이상이어야 하고 경사는 완만할수록 좋으며, 최대 30~35°가 넘지 않도록 해야 한다. 또한 계단의 높이는 2.0m를 넘지 않는 것이 바람직하다. 만약 이를 초과할 경우에는 보행자에게 불안감을 주고 육체적인 어려움을 주게 되므로 계단의 중간에 1.2m 이상(2~3보)의 길이를 가진 계단참을 설치하여 보행자의 부담을 덜도록 해야한다.

제주도 서귀포 주상절리. 자연이 연출한 계단의 모습으로, 암석이 떨어지고 남은 기둥에서 다양한 단이 리드미컬하게 펼쳐져 있다

계단은 한 번 밟기가 원칙이나 공원과 같은 곳에서는 한 번 밟기나 세 번 밟기를 교대로 되풀이 하는 것이 좋으며, 보도에 1단이나 10㎝보다 낮은 높이의 계단을 설치하면 보행자가 인식하기 어려우므로 피해야 한다. 불가피한 경우에는 포장에 변화를 주거나 위험을 사전에 인식할 수 있도록 경고를 해야 한다. 아울러 계단의 답면은 보행의 안전성을 높이기 위해 발이 끼이거나 걸리지 않는 구조로 해야 하고 배수가 용이하도록 계단의 낮은 방향으로 1~2%의 표면경사를 주어야 한다.

자연의 계단

암석의 절리나 작은 폭포의 연속적인 모습에서도 단의 형태를 인지할 수 있다. 제주도 서귀포에 있는 주상절리柱狀節理는 화산암이나 응회암이 육각형이나 삼각형의 긴 기둥모양으로 쪼개진 것으로 암석이 떨어지고 남은 기둥에서 다양한 단이 리드미컬하게 펼쳐져 있는 모습을 볼 수 있다.

보다 극적인 사례로 미국 옐로우스톤 국립공원에 있는 맘모스 온천의 테라스Minerva Terrace at Mammoth Hot Springs와 터키 중부지방 파묵칼레Pamukkale에 있는 온천 테라스를 들 수 있다. 이러한 지형은 온천수에 섞여 있는 석회 등 광물질에 의해 만들어진 것으로 마치 계단식 논에 석회를 뿌려 놓은 듯한 모습으로 흰색의 자연의 단이 만들어져 있다.

완전한 자연은 아니지만 자연과 절묘한 조화를 이루고 있는 계단이 있다. 미국 유타주에 있는 브라이스 캐니언 국립공원Bryce Canyon Natural Park 계곡으로 들어가는 진입로에서 볼 수 있는 것처럼 자연에서 가파른 경사의 높은 곳으로 오르기 위하여 사람들이 경사진 길을 오르면서 만들어진 계단과 경사로가 바로 그것들인데, 이는 경관조형설계의 중요한 모티브가 될 수 있다. 또한 터키의 카파도키아Cappadocia 지방의 기독교 유적지에는 연질의 응회암 바위에 오랜 시간 동안 사람들의 발걸음에 의해 마모된 계단이 어렴풋이 만들어져 있는데, 자연에서 인간에 의해 만들어진 계단의 모습을 찾아볼 수 있다.

계단의 형식미

계단은 외부공간에서 다양한 미적 표현의 대상이 된다. 계단을 이용하여 미적 표현을 시도한 사례를 유형화해보면 계단의 개별적 아름다움, 단의 반복에 의한 리듬감, 단의 수직면의 시각적 활용, 단의 구성에 의한 조화, 그림자에 의한 시각효과 등으로 구분할 수 있다.

우선, 계단의 개별적 아름다움은 다양한 형태와 재료의 색이나 질감을 이용하여 표현할 수 있는데, 예를 들어 벽돌, 콩자갈, 타일을 이용한 계단이 좋은 사례가 된다.

브라이스 캐니언 국립공원의 경사로. 자연이 연출한 경우는 아니지만, 자연과 절묘하게 조화를 이루는 계단의 대표적 사례이다. 사람들이 가파른 경사의 높은 곳으로 오르면서 자연스럽게 만들어진 경사로와 계단은 조형설계의 중요한 모티브가 되기도 한다

1	3
2	

1. 미국 옐로우스톤 국립공원의 맘모스 온천에 있는 미네르바 테라스. 역시 자연이 빚어놓은 계단의 모습으로, 마치 계단식 논에 석회를 뿌려 놓은 듯 하다

2. 터키 파묵칼레 온천의 테라스. 이런 온천 테라스는 온천수에 섞여 있는 석회 등 광물질에 의해 만들어진다

3. 카파도키아 지방의 바위 계단의 흔적. 오랜 시간 동안 사람들이 이용하면서 마찰에 의해 어렴풋하게 계단의 모습이 생겨났다

1. 나고야 오아시스21 광장의 계단. 외부공간에서 계단은 다양한 미적 표현의 대상이 되기도 한다

2. 오사카 꽃박람회장의 계단. 다채로운 색과 질감을 사용해 계단의 개별적 아름다움을 추구한 예이다

3. 프랑스 마르세이레스의 캔틸레버 계단. 루이 9세가 성벽에 만든 이 계단은 단이 위로 진행하면서 강한 리듬감과 상승효과를 연출하고 있다(출처: Cleo Baldon · Ib Melchior with Julius Shulman, *Step & Stairways*, New York: Rizzoli International Publications, Inc., 1989, p.53)

또한 단은 외부공간 요소 중에서 가장 반복적으로 설치되는 것으로 연속적으로 만들어진 단의 반복과 조합을 통해 공간에 리듬감을 주고 나선형이나 지그재그 패턴을 연출하기도 한다. 나고야 오아시스21에 만들어진 계단은 층을 더해가면서 반복되어 훌륭한 조형적 효과를 얻고 있으며, 프랑스 마르세이레스 성벽에 만들어진 캔틸레버형 계단은 단이

위로 진행하면서 강한 리듬감과 상승효과를 연출하고 있다.

단의 반복효과는 수직적인 보행을 위해서만 적용되는 것은 아니다. 오사카 꽃박람회를 기념하기 위해 역광장에 만들어진 폭포는 단을 측면상으로 구성하여 리듬효과를 잘 보여주고 있다.

단의 수직면은 타일, 줄무늬, 그림, 장식물 등을 통해 시각적으로 활용될 수 있는 중요한 잠재력을 가지고 있다. 미국 로스앤젤레스의 공공도서관 진입 계단은 수직면에 검은 띠를 꾸민 후 흰색으로 다양한 언어의 글자를 새겨 넣어 다민족으로 구성된 도시의 특성을 잘 표현하고 있으며, 베를린의 장벽공원에서 장벽으로 올라가는 계단의 수직면에 페인트로 그림이나 문자를 그려 넣은 사례에서도 수직면의 시각적 효과를 느낄 수 있다.

단의 구성에 의한 조화는 계단과 경사로의 조합에서 좋은 사례를 찾아 볼 수 있다. 신체가 불편한 사람을 위해 경사진 곳에 설치하는 경사로는 계단과 조화를 이루는 요소가 되어야 한다. 건축가 아더 에릭슨Arthur Erickson에 의해 밴쿠버에 만들어진 계단과 경사로는 시각적으로 뛰어난 조화를 이루고 있다. 또한 선유도 공원에 있는 야외무대에 설치된 두 종류의 계단은 서로 기능적으로 역할을 분담하고 시각적으로 대조적이면서 조화를 이루고 있다.

오사카 츠루미료쿠지역의 벽천폭포. 오사카 꽃 박람회를 기념하기 위해 만들어진 폭포에서 꽃잎을 본 뜬 단의 구성을 통하여 리듬감을 느낄 수 있다(위)

로스앤젤레스 공공도서관의 계단. 수직면에 검은 띠를 꾸민 후 흰색으로 다양한 언어의 글자를 새겨 넣어 다민족으로 구성된 도시의 특성을 표현하고 있다(가운데)

베를린 장벽공원의 계단. 계단의 수직면에 페인트로 문자를 새겨 넣는 것도 수직면이 시각적 효과를 꾀하는 방법이 될 수 있다(아래)

1	2
3	

1. 밴쿠버의 계단과 경사로. 건축가 아더 에릭슨이 만든 이 계단과 경사로는 시각적으로 뛰어난 조화를 이루고 있다(출처: Cleo Baldon · Ib Melchior with Julius Shulman, *Step & Stairways*, New York: Rizzoli International Publications, Inc., 1989, p.52)

2. 캘리포니아 오클랜드 박물관의 계단. 빛의 방향에 따라 그림자와 햇빛에 노출된 부위가 대조적인 모습을 보여주고 있다

3. 선유도 공원의 계단. 두 가지 종류의 계단이 서로 기능적으로 역할을 분담하고 있고 시각적으로 대조를 이루면서 조화로운 장면을 연출하고 있다

계단의 아름다움은 빛의 방향에 따라 계단에 나타나는 그림자의 패턴에서도 찾아 볼 수 있다. 이러한 효과는 비의도적으로 나타날 수 있으나 단과 그림자의 반복효과는 미학적으로 통일감, 운동감, 그리고 훌륭한 대비효과를 준다. 미국 캘리포니아 오클랜드의 박물관에 위치한 계단은 빛의 방향에 따라 그림자와 햇빛에 노출된 부위가 대조적인 모습을 보여주고 있다. 이곳에 살고 있는 시민들에게는 하루의 시간을 알려주는 은유적 매체이기도 하다.

계단의 상징

그리스 수도 아테네에는 그리스 문명의 발상지답게 많은 유적이 있다. 아크로폴리스Acropolis와 파르테논 신전은 말할 것도 없지만 그곳에서 내려가 고대 시장과 관공서가 몰려 있었던 아고라Agora로 내려가는 길의 왼쪽으로 붉은 빛이 감도는 대리석 언덕이 있다. 여기에는 높지는 않지만 많은 사람이 오르내려 반들반들해진 돌계단이 위험스럽게 반짝거린다. 이 계단이 아레이오스 파고스Areios Pagos로 올라가는 계단이다. 일명 '아레스의 언덕'은 포세이돈이 그의 아들을 죽였다는 이유로 아레스를 살인죄로 고발하여 올림푸스의 열두 신이 이 언덕에 모여 인류 역사상 처음으로 재판을 했다는 곳이다. 신들은 사건의 전모를 전해 듣고 심사숙고 끝에 아레스의 행위가 정당함을 인정하고 무죄를 선언하였다.

이러한 신화뿐만 아니라 문명과 종교를 망라하여 계단을 두고 높은 곳에 절대적 존재를 위치시키는 행위는 대상에 대한 경외감을 높이고 신성함이 깃들도록 하는 인간의 보편적인 본능이라 할 수 있다. 계단이

아테네 아레스 언덕의 계단. 올림푸스의 열두 신이 모여 인류 역사상 처음으로 재판을 진행한 역사적으로 유서 깊은 계단이다

테오티우아칸의 달의 피라미드. 수없이 많은 계단은 권력을 상징한다. 이처럼 계단은 때로 충성심을 요구하는 절대 권력의 상징으로 이용되기도 하고, 종교적 수행의 과정과 신성함을 추구하는 매체로서 도입되기도 한다

로마 마리아 코에리 교회. 교회에서 계단이 종교적 상징으로 사용된 경우이다(출처: Ernest Mundt, *Art, Form, and Civilization*, Berkeley and Los Angeles(CA): University of California Press, 1952, p.163)

갖는 높은 곳으로 향하는 속성은 인간이 꿈꾸는 천국으로의 의지를 표현하기에 적합하고, 충성심을 요구하는 절대 권력의 상징으로 사용되기도 하였으며, 종교적 수행의 과정과 신성함을 추구하는 매체로서도 도입되었다. 예를 들어, 신과 같은 절대적인 권력을 갖고 있는 마야의 지배자들은 멕시코의 테오티우아칸Teotihuacan에 있는 피라미드의 수없이 많은 계단의 오름을 통하여 권력의 위대함을 상징하는 매체로 이용하였다. 이곳은 사원의 꼭대기로 올라가는 곳인데 단의 높이는 상대적으로 높고 답면의 폭은 좁아 올라갈 때 많은 노력이 필요하다. 그러나 내려오는 것은 더욱 어렵다. 이것은 제물을 바치기 위한 제단이기 때문에 오름의 의식이 중요하며, 내려오는 것에 대한 고려는 필요하지 않았기 때문이다.

교회에서도 계단은 상징적 의미체로서 자주 사용된다. 로마에 있는 마리아 코에리Maria Coeli는 중세시대의 교회이다. 내세를 인정하던 중세시대의 사람들에게 그곳은 진정으로 신이 거주하는 집이었다. 신에게로 다가가기 위한 욕망은 그들의 일상적인 삶의 중요한 가치이며, 예술의 본질을 형성했다. 이 계단을 만든 사람들은 '신의 왕국, 그리고 그의 정당함' 으로 더욱 가까이 가기를 원하였다. 그들은 이 계단을 올라가면서 모든 원죄로부터 그들의 구원을 향한 상징적 발걸음을 실천하였다. 우리에게 익숙한 파리의 몽마르트 언덕, 그곳의 제일 높은 곳에 위치한 비잔틴 양식의 하얀 돔을 뽐내며 위치하고 있는 사크

레 쾨르 대성당Basilique du Sacre Coeur으로 향하는 계단을 오르며, 사람들은 속세의 죄의 사함을 간구하며 신실한 믿음을 얻고자 한다. 우리나라에서도 김수근이 설계한 장충동 정동교회에는 좁고 긴 골짜기와 같은 곳을 통하여 계단이 점차적으로 높아지면서 사람이 신과의 만남을 시도하는 느낌을 주도록 하고 있으며, 교회와 세상을 연결하는 의미를 전달하고 있다. 현대에 들어서도 이러한 계단의 속성은 유효하게 사용되고 있으며, 계단이 갖는 미적 아름다움과 상징성은 편리함을 뛰어 넘는 훌륭한 설계의 표현매체가 되고 있다.

마찬가지로 산에 입지하고 있는 사찰에서도 깊은 곳으로 가기 위해서는 일주문一柱門과 천왕문天王門의 계단을 되풀이하여 지나야 하며, 중심공간에서도 계단을 위아래로 하여 공간의 위계가 달라진다. 부석사 경내는 중심공간으로 가면서 계단에 의해 점진적으로 높아지게 되어 있다. 이러한 계단이 갖는 상징성에 대한 관념적 의식은 우리에게 보편화 된 것이다. 전북 장수에 위치한 논개사당으로 올라가는 계단과 전쟁기념관의 전면광장으로 연결되는 계단은 공간에 위계감을 부여하고 체험을 통한 의식과 고양의 과정으로서 신성함, 충성심, 경외감 등을 갖게 하는 상징적 효과를 준다. 어찌보면 비록 힘은 들지라도 설계자와 이용자는 심리적으로 계단의 의미를 공유하고 있다고 볼 수 있다.

장충동 정동교회의 계단. 좁고 긴 골짜기와 같은 곳을 통하여 계단이 점차적으로 높아지면서 사람이 신과의 만남을 시도하는 느낌을 주고 있다. 교회와 세상을 연결하는 의미를 전달하고 있는 것이다

몽마르뜨 언덕 위의 사크레 쾨르 대성당. 사람들은 이 계단을 오르며 속세에서 지은 죄의 사함을 간구하며 신실한 믿음을 얻고자 한다

1	3
2	

1. **부석사의 계단.** 산에 입지하고 있는 사찰의 중심공간으로 가기 위해서는 일주문, 천왕문과 같은 계단을 되풀이하여 지나야 한다

2. **용산 전쟁기념관의 계단.** 공간에 위계감을 주고, 걸어 올라가는 체험을 통해 의식 제고의 계기를 마련해준다

3. **논개사당.** 이곳의 계단 역시 공간에 위계감을 부여하고, 신성함, 충성심, 경외감 등을 갖게 하는 상징적 효과를 준다

▲ **우물에 설치된 계단.** 기원전 10세기 이전에 이스라엘에서는 물이 귀하여 깊은 우물에 고인 물을 구하기 위하여 나선형 계단을 돌아 들어가야 했다(출처: Cleo Baldon · Ib Melchior with Julius Shulman, *Step & Stairways*, New York: Rizzoli International Publications, Inc., 1989, p.27)

◀ **로스앤젤레스 공원의 풀에 설치된 계단.** 낮은 곳에 물을 가두거나 담기 위해서는 이곳으로 접근하기 위한 계단이 필요하다

물과 계단

물은 인간 생존을 위해서 필수 불가결한 요소이며, 물은 생명 그 자체이다. 강, 호수, 우물에 접근하기 위해 인간은 계단을 설치하였다. 기원전 10세기 전에 이스라엘에서는 물이 귀하여 깊은 우물에 고인 물을 구하기 위해서 나선형 계단을 돌아 들어가야만 했다. 마찬가지로 낮은 곳에 물을 가두거나 담기 위해서는 이곳으로 접근하기 위한 계단이 필요하다. 그래서 연못이나 풀 주변에 계단이 설치되었는데, 로스앤젤레스에 위치한 공원의 풀에는 비교적 급한 경사의 계단이 설치

되어 있는데, 방문객은 자유롭게 물로 접근할 수 있으며, 여기서 휴식을 취할 수 도 있다.

우리는 자연에서 물이 단을 이루며 흘러내리는 계단형 폭포의 모습을 자주 볼 수 있다. 물이 하얀 포말을 이루면서 흘러내리는 모습은 역동적이며, 사람들의 호기심을 불러 일으킨다. 그래서인지 우리 주변에서 매력적인 캐스케이드의 모습을 자주 볼 수 있다. 여기서 우리는 자연의 모습이 인간이 만든 형태와 동질성을 가지고 있으며 조경설계의 중요한 모티브가 됨을 알 수 있다. 이러한 사례는 다양한데, 옥외공간에 다양한 단으로 구성된 캐스케이드나 어린이들의 물놀이를 위한 캐스케이드, 물의 유속을 완화하여 침식을 방지하기 위한 계단형 배수로, 심지어는 보행자의 계단에 물을 흘리는 경우도 있다.

자연의 계단형 폭포. 물이 단을 이루면서 흘러내리는 계단형 폭포의 모습이다(좌)

휴스턴 도심 오피스빌딩 캐스케이드. 자연의 계단형 폭포를 모티브로 디자인된 캐스케이드는 친근함을 주고 매력적인 경관을 연출한다(우)

1	2
3	4

1. 서울 신용산역의 물계단. 보행자의 계단에 물을 흘려 내리는 경우도 있다

2. 일본 구레 녹도의 캐스케이드. 캐스케이드는 시각적으로 중요한 대상이므로 조경가에게는 주요한 미적 표현 매체가 된다

3. 아이치 박람회의 어린이 물놀이장. 어린이들의 물놀이를 위한 캐스케이드를 비롯, 계단은 다양한 방식으로 물과 조화를 이루어 외부 공간에 도입된다

4. 교토 진가쿠지銀閣寺의 배수로. 물의 유속을 완화하여 침식을 방지하기 위한 목적으로도 계단이 조성된다

무대로서의 계단

공연자와 관람객이 함께 하는 무대에 계단이 없다면 아무런 의미가 없다. 도심의 선큰광장에 만들어진 계단에는 운동경기를 관람하는 사람들이 계단의 좌우에 앉아 있고 가운데로 사람들이 오르내린다. 무대로서 계단의 복합적 기능을 잘 설명해준다. 그리스와 로마시대에는 경사진 지형을 이용하여 많은 야외무대가 만들어 졌는데, 아름답고 고전적인 무대인 그리스의 에피다우러스나 터키 히에라폴리스Hierapolis는 조개껍질처럼 생긴 극장 객석의 오목한 구조가 깔때기 역할을 하면서 무대에서 하는 말이 객석 멀리까지 잘 들릴 수 있도록 만들어졌으며, 동시에 계단의 패턴을 통해 아름다운 무대의 모습을 보여주고 있다. 근대에 만들어진 미국 시애틀의 로즈가든의 무대는 고전적인 무대의 모습을 그대로 보여주면서 답면을 넓게 하여 경사가 완만하고 부드러운 느낌을 주고 있다. 이 보다 더 부드러운 재료인 흙과 잔디로 만든 영국 밀턴케인즈 캠벨공원Campbell park에서는 마치 대지를 조각해 놓은 것처럼 무대가 만들어져 있다.

서울 코엑스의 선큰 광장의 계단. 계단을 복합적으로 활용하고 있는 사례이다

나고야 히사야오도리

시애틀의 로즈가든. 고전적인 무대의 모습으로, 단의 깊이가 커 경사가 완만하고 부드럽게 느껴진다(위)

영국 밀턴케인즈 캠벨파크의 무대. 부드러운 재료인 흙과 잔디로 무대를 만들어 마치 대지조각처럼 여겨진다(아래)

터키 히에라폴리스 야외무대. 이 계단식 야외무대는 조개껍질처럼 생긴 극장 객석의 오목한 구조가 깔때기 역할을 하면서 무대에서 하는 말이 객석 멀리까지 잘 들릴 수 있도록 만들어졌다

나선형 계단

보편적으로 계단은 수직적인 높이를 극복하기 위한 수단으로 직선 방향으로 만들어지는데, 일부 계단에서는 진행방향이 나선형이거나 굽이치는 모양으로 만들어져 계단의 아름다움을 더욱 잘 보여주고 있다. 베를린의 중심에 위치하고 있는 베를린 전승기념탑은 높이 69m로 원기둥 안에는 285개의 나선형 계단이 있어 53m 높이의 플랫폼에 오를 수 있으며, 여기서는 티어가르텐Tiergarten과 베를린 시내를 볼 수 있다. 지진이 많은 동경이나 샌프란시스코에는 지진 대피를 위해 외부에 계단을 의무적으로 설치하도록 되어있는데, 이러한 건물의 나선형 계단은 단순히 기능뿐만 아니라 미적으로도 매우 아름다운 나선의 모습을 보여주고 있다. 정원에서도 가끔 나선형 계단이 나타나고 있는데, 원형 폰드로 내려가는 계단은 마치 생명의 근원으로 접근하는 듯한 신비로움을 전해주고 있다. 이보다는 완만하게 굽었지만 용산 전쟁기념관 앞에 있는 6·25 전쟁조형물은 지상에서 침상 광장으로 내려가는 곳에 계단이 설치되어 있는데 축이 살짝 구부러진 나선과 유사한 듯한 곡선의 계단과 테라스가 만들어져 있어 사람의 시선을 부드럽게 끌어들이고 있다. 이러한 곡선의 계단은 세계 곳곳에 만들어져 있다. 아테네 시가지에는 해발 273미터의 리카비토스 언덕Likavitos hill이 있는데, 이곳은 아크로폴리스와 눈부시게 파란 에게해를 내려다 볼 수 있는 아테네 최고의 전망대이다. 이 언덕 정상에 있는 하얀색의 성 이오르고스교회St. Aggeorgios church로 오르는 계단은 마치 구부러진 계단을 통하여 하늘로 올라가는 듯한 느낌을 주고 있다.

베를린 전승기념탑의 계단. 전체 높이 69m로 원기둥 안에 285개의 나선형 계단이 설치되어 있어, 계단의 형태적 아름다움을 여실히 보여주고 있다

동경의 건물 외부 계단. 단순히 높은 곳을 오르기 위한 기능적 목적 이외에 미적으로도 아름다운 계단이다

1. **이오르고스 교회로 가는 계단.** 아테네 최고의 전망대인 리카비토스 언덕으로 오르는 이 계단은 마치 천상으로 오르는 듯한 느낌을 선사해준다

2. **Pietro Porcinai 계단.** 원형 폰드로 내려가는 계단은 마치 생명의 근원으로 접근하는 듯한 신비로운 느낌을 준다(출처: Jane Brown, *The modern garden*, London: Thames & Hudson, 2000, p.173)

3. **용산 전쟁기념관 6 · 25 전쟁 기념탑.** 지상에서 침상 광장으로 내려가는 곳에 계단이 설치되어 있는데, 축이 살짝 구부러진 나선과 유사한 듯한 곡선의 계단과 테라스가 만들어져 있어 사람의 시선을 부드럽게 끌어들이고 있다

1	2
	3

테라스 계단

테라스 계단은 앞에서도 언급한 공중정원에서도 볼 수 있지만, 우리의 전통양식인 화계花階에서도 모습을 찾아볼 수 있다. 화계는 계단형태의 화단으로 우리의 옛 집은 그 입지가 풍수지리상 배산임수背山臨水를 따르고 있기 때문에 자연스럽게 지형을 따르기 위해서는 주택 후면의 언덕을 깎아서 크게 계단을 만들어야 했다. 여기에는 멋을 부려 괴석이나 장식문양을 새긴 석물을 놓기도 하고 화초, 관목, 소교목을 식재하여 꾸미기도 하였다.

현대에 만든 것으로 일본 교토에 있는 교토회관에는 선큰가든의 경사면을 테라스 녹지로 꾸며 교대반복에 의한 미학적 효과를 보여주고 있다. 바닥의 콩자갈, 조각, 경사면의 테라스 녹지가 조화를 이루고 있으며, 야간에도 이러한 아름다움을 느낄 수 있도록 테라스 녹지에 조명을 하고 있다. 테라스 계단 가운데 그 규모나 형태면에서 가장 대표적인 사례로는 일본 후꾸오까에 있는 아크로스를 꼽을 수 있다. 오르고 내리는 수백 개의 계단으로 연결되는 테라스는 산을 등산하는 것과 같은 여정으로 계단을 배치해 놓은 후 그곳에 나무를 식재해 놓았는데, 제일 높은 테라스로부터 아래로 배수가 연결되도록 하였으며, 테라스의 정상부에는 반대 방향으로 다시 무대의 계단을 만들어 계단 속에 또 다른 계단이 있는 호기심을 불러일으킨다.

교태전. 테라스 계단의 한 형태는 우리의 전통정원에서 쉽게 발견할 수 있다(위)

낙선재 후원의 화계(아래)

아크로스. 테라스 계단의 대표선수라고 할 수 있을 정도로, 그 규모와 형태면에서 독보적인 곳이다(좌)
일본 교토회관의 테라스. 이 테라스 녹지는 교대 반복에 의한 미학적 효과를 보여주고 있다(우)

기념의 계단

계단의 본래 목적은 높이가 다른 두 공간을 연결하는 것이지만, 계단의 오름이 주는 상징적 효과 때문에 기념적인 건축물이나 구조물에는 많은 기단이 설치되곤 한다. 이것은 안정된 건물의 기반을 확보하고 배수를 효과적으로 처리하기 위한 방법인 동시에 종교적 목적이나 기념성을 높이기 위해 흔히 적용되는 구조적 특징이다. 그리스 아테네의 아크로폴리스에 있는 파르테논 신전은 기원전 479년에 페르시아인이 파괴한 옛 신전 자리에 아테네인이 아테네의 수호여신 아테나에게 바치기 위해 만든 것으로서 도리스식 신전의 극치를 나타내는 걸작이다. 조각가 페이디아스Pheidias의 총 감독 하에, 설계는 익티노스Iktinos, 공사는 칼리크라테스Kallikrates의 손으로 진행되어 기원전 447년에 기공하여, 기원전 438년에 완성하였는데, 제단의 크기는 30.87×69.51m에 달한다.

파르테논 신전. 계단의 오름이 주는 상징적 효과 때문에 기념적인 건축물이나 구조물에는 많은 기단이 설치되곤 한다. 이는 종교적 목적이나 기념성을 높이기 위한 구조적 기법이라 할 수 있다

이러한 구조적이며 상징적 기법은 전세계 많은 기념물에 적용되어 왔는데, 워싱턴 D.C.의 국회의사당과 맞은 편에 위치한 링컨 메모리얼은 그리스 신전을 본 따 만든 것이다. 이 메모리얼을 지탱하는 36개의 기둥은 링컨Abraham Lincoln이 대통령이었던 당시의 36개주를 상징하고, 메모리얼의 상단 부에 각 주의 이름이 빙 둘러서 각인되어 있다. 메모리얼 앞쪽에 있는 워싱턴 모뉴먼트Washington Monument는 반사되는 못Reflecting Pool과 함께 기념성을 더욱 높이고 있다. 터키의 수도 앙카라에 있는 아타튀르크의 묘 역시 제단의 위엄을 잘 보여주고 있다. 근대 터키공화국을 만든 케말 아타튀르크Kemal Atatürk는 수도를 이스탄불에서 앙카라로 옮기고 고대 앙카라와 별도로 새롭게 신시가지를 만들었는데, 여기에 그의 메모리얼이 있다. 링컨 메모리얼과 마찬가지로 신전을 본 뜬 모습으로 노란 빛을 띠고 있으며 수십 개의 계단 위에 그의 무덤이 올려져 있다.

이러한 기념적 건물의 기단과 달리 계단 자체가 기념의 대상이 되는 경우도 있다. 부산의 영주동과 동광동은 6.25 전쟁 당시 많은 피난민들이 생활하던 곳으로, 언덕 위에 판자촌으로 올라가던 곳에 위치한 '40계단'은 많은 사람들이 당시의 어려웠던 삶의 애

1. **링컨 메모리얼.** 그리스 신전을 본따 만든 이 메모리얼의 제단은 기념성을 더욱 높여준다

2. **부산 40계단.** 6.25 전쟁 당시 피난민들이 생활하던 이 곳에는 사람들의 삶의 애환이 깃들어 있다

3. **아타튀르크 케말의 메모리얼.** 수십 개의 계단 위에 무덤이 올려져 있어 제단의 위엄을 더욱 강화시키고 있는데, 건축물은 신전을 본따 만들어졌다

환을 달래고 추억하기 위한 기념의 장소가 되고 있다. 영화의 무대가 되기도 한 이곳에는 '뻥튀기 아저씨', '아코디언 켜는 사람' 등 조각이 설치되어 있어 당시의 모습을 재현하고 있다.

정원과 공원의 계단

정원에 설치된 계단은 보도와 연계하여 높고 낮은 중요한 지점을 연결해주기도 하고 스스로 미적 주체가 되기도 한다. 이태리를 중심으로 발달한 노단식 정원路段式 庭園에서 계단은 역동적이고, 장식적이며, 난간을 두른 정원의 주요한 구성요소였다. 17세기에 만들어진 가르조니 빌라Villa Garzoni에서는 가파른 경사에 3단의 테라스를 설치하고 평탄면으로 연결하는 난간을 두른 계단을 대칭으로 설치하였으며, 에스테 빌라Villa d' Este에는 제일 낮은 노단terrace으로부터 제일 높은 노단을 연결하기 위하여 많은 계단이 설치되었다. 또한 샌프란시스코 골든게이트파크에 있는 일본식 정원에는 높은 아치형 다리가 놓여 있으며, 그 위에 쐐기 모양의 단이 박혀 있다. 우리나라의 독특한 정원양식인 화계도 지형을 극복하기 위해 만들어진 계단식 정원이다. 이와 같이 모더니즘이 도입되기 전까지 정원의 계단은 국가, 장소, 시대, 환경에 따라 다른 양식적 특성을 보여주고 있으며, 일부 계단은 화려하고 장식성이 지나치게 높은 경우도 많았다.

한편 근대 및 현대의 정원과 공원에서는 계단의 전체적인 조형적 가치가 중요시 되고 있는데, 샌프란시스코의 리바이스 광장Levi' s Plaza에 있는 계단은 옆의 캐스케이드와 리드미컬하게 조화를 이루고 있으며, 선유도공원에 있는 계단은 연속적인 계단의 변화를 통한 연속성과 리듬감을 잘 보여주고 있는 것처럼, 과거 역사속의 정원이나 공원과는 다른 양상을 보여주고 있다.

빌라 에스테. 르네상스의 노단식 정원에는 경사진 지형을 오르고 내리기 위한 많은 계단이 설치되었다(위)

빌라 란테의 수로와 계단. 캐스케이드 수로에 연하여 완만한 경사의 계단을 설치하였다(아래)

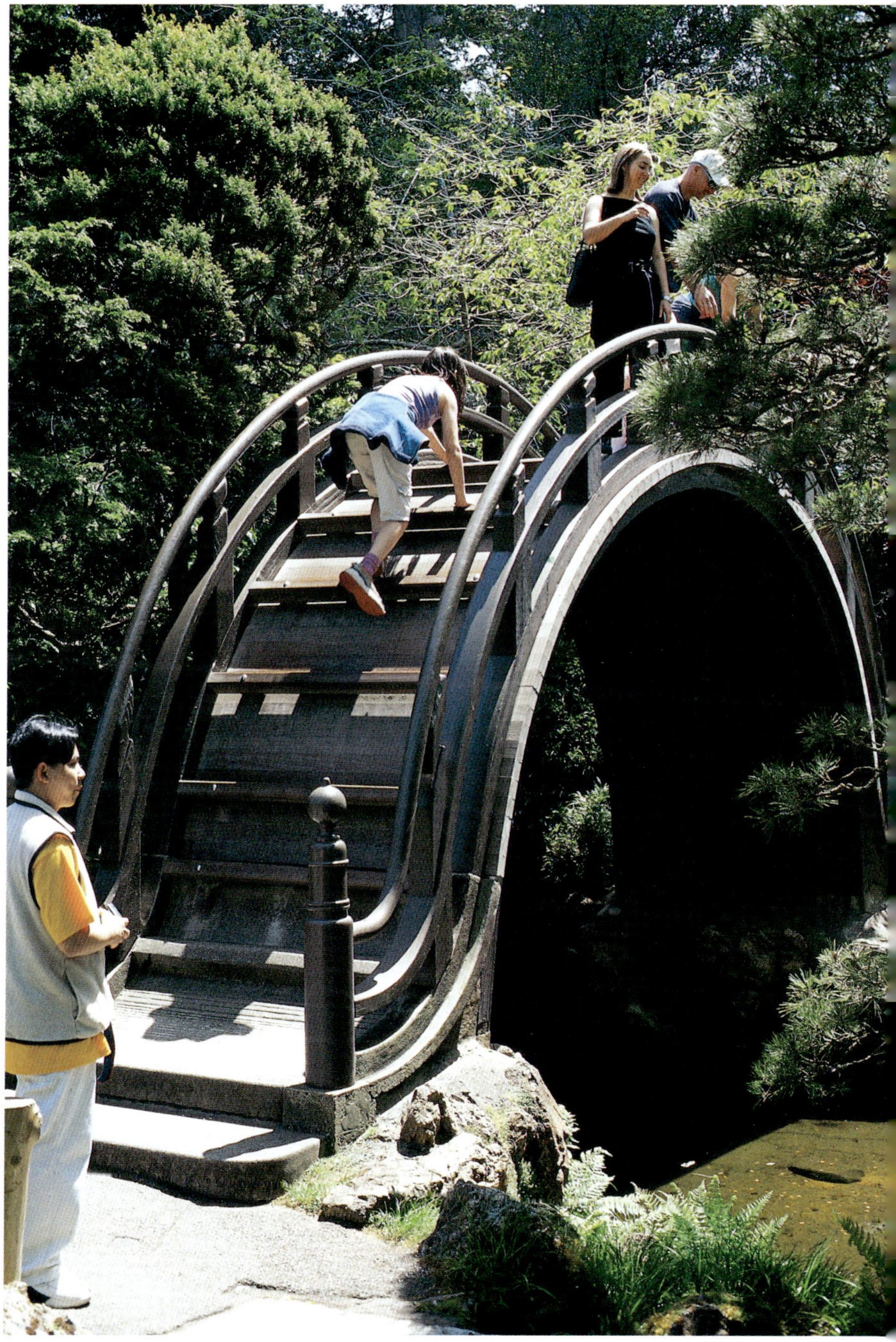

1. **샌프란시스코 리바이스 광장의 계단.** 현대에 설치되는 계단은 조형성이 강조되는 경우가 많다
2. **선유도 공원의 계단.** 역시 최근에 조성된 계단으로 조형성이 강하다
3. **일본 정원의 아치형 계단.** 샌프란시스코 골든게이트파크에 있으며, 아치형 다리 위에 쐐기 모양의 단이 박혀 있다

지그재그 미끄럼대. 조경가인 매리 미첼이 만든 것으로, 길고 넓게 경사진 포장면에 미끄럼대를 설치하고 양쪽에 계단을 꾸몄다(출처: Cleo Baldon.Ib Melchior. Julius Shulman, *Step & Stairways*, New York: Rizzoli, 1989, p.223)

놀이를 위한 계단

어린이들은 오르는 것을 좋아하기 때문에 놀이터에는 사다리, 기어오르기, 계단과 미끄럼대 같은 것이 다양하게 설치되어 있다. 이러한 놀이시설은 어린이들의 흥미를 끌기 위해 달팽이, 기린과 같은 동물을 모티브로 한 형상을 취하고 있다. 이러한 놀이를 위한 계단은 제 2차 세계대전 이후 생겨난 모험놀이터 Adventure playground의 개념에 의해 주민들이 참여하여 어린이들이 선호하는 놀이시설을 만드는 과정에서 적극적으로 도입되었다. 영국 런던에서 활동하던 조경가 매리 미첼Mary Mitchell은 지그재그형 미끄럼대를 길고 넓게 경사진 포장 면 위에 설치하고 양쪽으로 계

단을 설치하여 꼭대기로 접근이 가능하도록 하였다. 이것은 과거의 타워형 미끄럼대보다 훨씬 재미있고 안전한 것이었다. 근년에 개장한 서울숲의 놀이터에도 형태는 다르지만 유사한 구조의 계단과 미끄럼대를 볼 수 있다.

계단은 조경가나 건축가뿐만 아니라 인간의 상상력을 사로잡는 외부공간의 중요한 요소이다. 그래서 계단만으로 우리는 화려함과 고도의 상징성을 구현할 수 있다. 지금까지 우리에게는 오르고 내리기 힘든 계단만이 있지 않았는지, 표준화된 계단의 구조를 충족시키기 위해 급급하지 않았는지 반성해보아야 한다. 다양한 계단의 양식과 미적 영역을 체험하여, 외부공간의 예술적 매체로서 계단을 적극 활용해야 할 것이다.

나선형 미끄럼대. 일반적인 타워형 미끄럼대이다(출처: Cleo Baldon.Ib Melchior. Julius Shulman, *Step & Stairways*, New York: Rizzoli, 1989, p.225)(좌)

서울숲의 어린이 놀이터. 외부공간에서 계단과 미끄럼대는 기능과 형태에 있어 친근하다(우)

Landscape Architecture **Detail**

Memorial

메모리얼

기념성을 구현하기 위한 조경 디테일 / 기념적 상징물의 종류 / 메모리얼의 디테일 특성 / 메모리얼 디테일의 미래

02 Memorial
메모리얼

지나간 과거의 사건을 기념하는 것은 개인의 심상에 자리 잡고 있는 사적인 기억이나 사회가 공통적으로 갖고 있는 공동의 경험과 기억을 되살리는 것이다. 여기서 중요한 것은 기념의 목적, 대상, 주제 그리고 기념의 구체적 내용이다. 기념이라는 행위는 기본적으로 죽음의 추모, 과거의 회상, 사건에 대한 사회적 환기 및 치유, 그리고 관계자의 명예 고양 등의 목적을 가지고 있으며, 사회나 국가는 이를 통하여 개인 · 사회 · 국가의 정체성을 확보할 수 있게 된다. 여기에 종교적 의식이나 행사가 더해진다면 기념성을 높이고 공동의 기억을 보전하는데 더욱 효과적이며 집단적인 행사나 공공의 참여와 토론을 통하여 사회적 관심을 더욱 높일 수도 있다.

베를린 유대인 대학살 메모리얼. 피터 아이젠만이 설계한 이 메모리얼은 조금씩 기복이 있는 지형에 수많은 콘크리트 육면체를 설치하여 집단적인 기억을 떠올리게 한다(좌)

히로시마 평화기념관. 하얀 기념벽 사이로 원폭 당시 피해를 입은 유물들이 전시되어 당시의 참상을 잘 설명하고 있다(우)

메모리얼의 도시인 베를린은 제 2차 세계대전과 유대인 대학살의 현장으로 도시 곳곳에 메모리얼이 만들어져 있고, 지금도 계속해서 새로운 메모리얼이 만들어지고 있다. 베를린 포츠다머 플라츠에는 1998년 피터 아이젠만Peter Eisenman이 "유럽에서 학살된 유대인을 위한 메모리얼Memorial for the Murdered Jews of Europe" 설계를 통하여 2005년 5월 10일 준공한 '베를린 유대인 대학살 메모리얼'이 있다. 여기에는 조금씩 기복이 있는 지형에 다양한 각으로 세워져 있는 2천 7백여개의 콘크리트 육면체를 설치하여 집단적인 기억을 회상시키는 효과를 얻고 있으며, 비석에는 유대인 대학살 당시 희생된 사람들의 이름이 새겨져 있다.

또 다른 제 2차 세계대전의 패전국인 일본에는 전 세계에서 유일하게 히로시마와 나가사끼에 핵폭탄이 투여되었다. 여기에도 방문객들을 깊은 생각에 잠기게 하는 메모리얼이 있다. 히로시마와 나가사끼에 있는 원자폭탄 낙하중심지에는 수 많은 원폭 희생자와 부상자를 추모하고 당시의 참혹한 장면을 연상케 하기 위해 당시 폭발로 인해 일부 파괴된 원폭돔과 교회건물 기둥이 남겨져 있다. 이러한 메모리얼을 방문하면 그곳에서 무슨 일이 일어났는지, 우리에게 던져주는 강력한 메시지가 무엇인지를 읽을 수 있다.

나가사끼 원자폭탄 낙하중심지 메모리얼. 4만 명에 달하는 원폭 희생자와 부상자를 추모하기 위해, 당시 폭발로 인해 일부 파괴된 교회건물 기둥을 존치시키고, 인접하여 검은색 기둥을 세웠다

기념성을 구현하기 위한 조경 디테일

기념이라는 행위의 근본적인 목적은 죽은 사람을 추모하기 위한 것이며, 묘지는 이러한 기념 행위의 원형적 형태이다. 그러므로 우리 주변에서 흔히 볼 수 있는 묘지는 가장 보편적이면서도 대표적인 기념 장소라고 할 수 있다.

기념공간은 다양한 디테일에 의해 구성이 되는데, 여기서는 편의상 기념적인 디테일과 기념공간을 통칭하여 메모리얼이라 부르기로 한다. 묘지와 같은 보편적인 메모리얼과 달리 동서양 조경사의 많은 유적들은 대부분 역사상 중요한 인물, 종교, 사건, 전쟁을 기념하기 위해 만들어진 것으로, 과거를 기억하고 집단의 정체성을 나타내기 위하여 만들어져 왔다. 과거의 기념물은 조각이나 건축구조물 위주의 단일한 조형물로 만들어졌으나, 현대에 들어와서는 미국 워싱턴 D.C.에 있는 베트남 전쟁 메모리얼 및 한국전쟁 메모리얼이나 국내의 4·19 국립 묘지공원 및 5·18 국립묘지공원에서 볼 수 있듯이 기념공간화 하는 경향을 보여주고 있다. 이로 인하여 메모리얼 설계는 조경설계 및 시공의 주요한 영역이 되고 있으나, 아직까지 국내 조경분야에서 기념성을 구현하기 위한 창의적인 작업이 미진한 실정이다.

동작동 국립묘지의 묘비들. 기념이라는 행위의 근본적인 목적 중 하나는 죽은 사람의 추모이다(좌)

미국 로스앤젤레스 외곽의 공동묘지. 묘지는 기념 행위의 가장 원형적인 형태이다(우)

기념의 내용을 상징적으로 표현하기 위하여 다양한 조경 디테일이 사용되는데, 어떤 것을 상징적 표현의 요소로 도입하는가는 디테일 설계의 첫 번째 단계이다. 기념공간에 도입되어 상징적 의미를 가질 수 있는 요소는 아치, 다리, 기둥, 문, 기념비, 동상 및 조각, 타

워, 성당 및 교회, 건물, 폭포 및 연못, 역사적인 유적 등이 있으며, 이러한 도입요소는 다양한 표현의 레퍼토리를 제공해준다. 따라서 도입요소는 단순히 메모리얼을 구성하는 실체일 뿐만 아니라 의미를 전달하는 매체로서의 역할을 하게 된다. 두 번째는 기념의 내용을 어떻게 예술적으로 표현할 것인가에 있는데, 이러한 과정에서 조경가는 다양한 설계개념을 만들고 메모리얼의 형태, 재료, 기법을 이용하여 개념을 상징적으로 구현하게 된다.

기념적 상징물의 종류

앞에서 예시한 바대로 기념성을 구현하기 위한 디테일의 종류는 매우 다양하다. 여기서는 보편적으로 메모리얼에 도입되고 있는 디테일을 살펴보기로 하자.

① 기념벽

현대의 메모리얼에서 기념벽은 기념공간을 구성하는 가장 중요한 요소로서 부각되고 있다. 전쟁이나 민주화 운동 메모리얼에서 자주 도입되는 기념벽은 용산전쟁기념관처럼 기념하고자 하는 내용을 직접적으로 설명하거나 묘사하기 위한 수단으로도 사용되고 있고 기념벽에 사망자의 이름을 적어 죽음을 추모하기도 한다. 이보다 상징적인 기념벽으

미국 워싱턴D.C. 한국전쟁 메모리얼. 이제 메모리얼 설계는 조경설계 및 시공의 주요한 영역으로 자리 잡아가고 있다

히로시마 평화기념관의 실내벽. 어두운 벽면과 뒷면에서 나오는 빛이 어두움과 밝음의 역상적 이미지로 표현되어 은유적 효과를 더하고 있다

1 2
3

1. **베트남 전쟁 메모리얼.** 때론 기념벽에 사망자의 이름을 적어 죽음을 추모하기도 한다

2. **베를린 장벽.** 전 세계인들에게 널리 알려진 분단의 상징이다

3. **용산전쟁기념관의 기념벽.** 현대의 메모리얼에서 기념벽은 기념공간을 구성하는 가장 중요한 요소 중의 하나이다

로 베를린 장벽을 들 수 있다. 1961년부터 1989년 11월까지 베를린을 동서로 나누며 서 있었던 베를린 장벽은 전 세계인들에게 널리 알려진 분단의 상징이었다. 현재 이 장벽은 대부분 사라지고 말았지만 일부 구간에 남겨진 벽을 통해 그 당시의 모습을 상상해 볼 수 있는데, 이것 자체가 하나의 메모리얼로서 역할을 하고 있다.

② 기념탑과 기둥

기념탑이나 기둥은 수직적인 요소로 외부공간에서 시각적으로 매우 두드러져 보인다. 고대 이집트 사원에 설치되었던 오벨리스크Obelisk는 땅과 하늘을 연결하는 매체로서 의미를 가지며, 현대에 들어와서 만들어진 워싱턴 D.C.의 모뉴먼트나 4·19 국립묘지공원의 조각기둥은 시각적 초점의 대상으로 역할을 하기도 한다. 때로는 기둥이 미국 보스톤에 있는 홀로코스트 메모리얼의 유리타워처럼 열주 형태로 도입되기도 한다.

터키 갈리폴리Gallipoli에는 90여 년 전에 있었던 오스트레일리아, 뉴질랜드, 영국군과 터키군 사이의 전투에서 희생된 이들을 기리기 위한 메모리얼이 해안가를 중심으로 곳곳에 조성되어 있는데, 당시에는 아군과 적군으로 나뉘어 치열한 전투를 하던 현장이 지금은 피아의 구분없이 당시에 죽은 병사들을 추모하기 위한 공간으로 바뀌어 있다. 이중 한 메모리얼에는 기념탑과 주변에 작은 묘비들 그리고 소나무가 잘 짜여져 완성도 높은 모습을 보여주고 있다.

남부 이집트 카르낙 사원에서 가져온 데오도시우스 오벨리스크. 기둥은 땅과 하늘을 연결하는 매체로서 의미를 갖기도 한다

1	2
3	

1. **4·19 국립묘지공원 기념탑.** 시각적 초점의 대상이 되고 있다
2. **홀로코스트 메모리얼의 유리타워.** 기념탑과 기둥은 다양한 방식으로 메모리얼에 도입되고 있다
3. **워싱턴 D.C.의 모뉴먼트.** 기념탑이나 기둥은 강한 수직성 때문에 외부공간에서 시각적으로 매우 두드러져 보인다

갈리폴리 메모리얼. 기념탑과 주변의 작은 묘비들 그리고 소나무가 조화롭게 어우러져 있다

③ 문

문은 공간을 구분하거나 새로운 공간과 상태의 시작을 암시하는 요소로 사용되어 왔다. 때로는 문을 지나기 위해 일정한 통과의식과 자격이 요구되기도 하므로, 이용자들을 심리적으로 긴장시키고 호기심을 유발하기도 한다.

베를린 장벽과 마찬가지로 베를린에 있는 브란덴부르그문은 매우 상징적인 문이다. 독일 분단 이후 접근이 금지되었다가, 1989년 독일 통일 이후 다시 많은 사람들이 자유롭게 통행할 수 있게 되었다. 통일 전에는 베를린 장벽이 문과 연결되어 있어서 전 세계적으로 분단의 상징물로 인식되었으나, 통일이 되면서 주변의 벽은 없어지고 현재 이 문만 남아 있다.

우리나라에서는 기념공간에서 공간의 의미와 신성함을 매우 중요시 여긴다. 그래서 5 · 18국립묘지공원에서는 추념문, 4 · 19국립묘지공원에서는 상징문을 도입하여 죽음을 추모하고, 신성한 공간으로의 진입감을 고취시켰다. 부산에 있는 재한유엔기념공원에는 입구에 우리나라 전통식 문이 세워져 있고, 다시 안쪽으로 들어가면 묘역 입구에 검은색 돌로 벽과 함께 만들어진 사각형의 문이 있다. 앞의 문과 달리 두 번째 문의 크기는 전혀 과장되어 있지 않아 친근감을 주면서 색이 주는 효과 때문에 묘역으로 들어가는 경건한 분위기를 잘 이끌어 내고 있다.

브란덴부르그 문. 베를린 장벽과 함께 분단을 상징하던 곳으로, 그 의미가 크다(위)

5 · 18 국립묘지공원의 추념문. 메모리얼에서 문은 신성하고 엄숙한 공간으로의 진입감을 고취시킨다(가운데)

재한유엔기념공원. 1951년 유엔사령부에 의해 만들어진 묘지로서 한국전쟁에서 사망한 전몰용사 2300위가 묻힌 세계 유일의 유엔산하 기념묘지이다(아래)

④ 수경요소

물을 매체로 하는 수경요소는 죽음을 추모하거나 생명감을 부여하기 위한 주요한 요소로서 못, 분수, 폭포 등의 형태로 도입된다. 못은 기념공간의 특성상 엄숙하고 조용한 분위기를 연출해야 하는 경우가 많으므로 분수나 폭포에 비해 상대적으로 많이 사용되곤 한다.

워싱턴 D.C.에 있는 한국전쟁 메모리얼의 상부에 있는 못은 검은색 돌로 만든 수반 위에 물을 얇게 흘려 물의 반영효과를 얻고 있으며, 이런 장치를 통해 방문객들에게 죽음을 추모하고 과거를 회고하며, 치유효과를 얻도록 하고 있다. 이러한 물의 효과는 나가사끼의 원폭 메모리얼의 못이나 캘리포니아에 위치해 있는 샌조아퀸 메모리얼에서도 잘 느낄 수 있다.

이와 달리 분수나 폭포는 역동적인 물의 연출효과를 이용하여 개인의 생애와 업적을 기리거나 생명감을 연출하기 위해 도입되는 경우가 많다. 샌프란시스코 여바부에나 공원Yerba Buena Park에 있는 마틴 루터 킹 목사의 메모리얼에서는 물을 폭포처럼 흘려보내 인권운동을 통해 그가 바친 평생의 노력과 업적을 기리고 있으며, 워싱턴 D.C.에 있는 프랭클린 루스벨트Franklin Delano Roosevelt 대통령 메모리얼에서는 계단식 폭포를 만들어 그가 뉴딜정책을 통하여 이루었던 업적과 그 의미를 나타내고 있다.

나가사끼 원폭자료관 메모리얼. 고여 있는 물은 고요하고 숙연한 분위기를 연출해, 경건한 추모의 분위기와 잘 어울린다(좌)

워싱턴 D.C. 한국전쟁 메모리얼. 검은색 돌로 만든 수반 위에 물을 얇게 흘려 물의 속성 중 하나인 반영 효과를 얻고 있다(우)

1. 마틴 루터 킹 메모리얼. 힘차게 흘러내리는 물은 인권운동을 위해 평생을 바친 마틴 루터 킹 목사의 역동적 삶을 단적으로 나타내고 있다

2. 샌조아퀸 메모리얼. 못은 기념공간의 특성상 엄숙하고 조용한 분위기를 연출해야 하는 경우가 많으므로 분수나 폭포에 비해 상대적으로 많이 사용된다

3. 프랭클린 루스벨트 메모리얼. 마틴 루터 킹 목사의 메모리얼과 마찬가지로 폭포의 역동성이 개인의 생애와 업적을 기리는데 활용되고 있는 예이다

1	2
	3

⑤ 조각 및 동상

조각 및 동상은 메모리얼이 조경설계의 대상이 되기 이전에 기념성을 구현하기 위한 가장 대표적인 방법이었다. 현대에 들어서도 좁은 공간에서는 조각이나 동상 자체만으로 메모리얼을 꾸미는 경우가 있지만, 보편적으로는 메모리얼의 구성요소로서 인식되고 있다.

국내에서는 최근에도 조각이나 동상이 기념공간의 대표적인 상징요소로 도입되고 있는데, 용산전쟁기념관의 형제상이나 4 · 19국립묘지에 도입된 조각은 좋은 사례가 되고 있다. 그러나 조각이나 동상은 대부분 개체로서 완성도를 추구하여 주변의 다른 요소와 긴밀한 관계를 형성하지 못하는 문제가 자주 발생하고 있다. 이러한 문제를 개선하기 위하여 조각이나 동상을 외부공간과 일체화하려는 설계경향이 나타나고 있는데, 앞서 언급된 프랭클린 루스벨트 메모리얼에서 '어반 컴패니언'은 조각과 주변의 조경 디테일이 적절한 조화를 이룬 좋은 사례라고 볼 수 있다. 우리나라에서도 2003년 용산 전쟁기념관 앞에 만들어진 '6 · 25 전쟁조형물'은 청동검과 생명나무를 모티브로 한 6 · 25 탑, 호국군상, 참전국기념비, 계단, 돌그릇을 하나로 구성하여 조형물을 공간화하려는 구상을 시도한 좋은 예가 되고 있다.

용산전쟁기념공원의 형제상. 조각 및 동상은 기념성을 구현하는 가장 보편적인 방식이다(위)

4 · 19 국립묘지공원의 조각. 조각상은 기념공간의 대표적인 상징 요소이다(아래)

1. **6 · 25 전쟁조형물**. 청동검과 생명나무를 모티브로 한 6 · 25 탑, 호국군상, 참전국기념비, 계단, 돌그릇을 하나로 구성하여, 조형물을 공간화하려는 구상을 시도했다

2. **프랭클린 루스벨트 메모리얼의 동상**. 조각 및 동상은 주변의 다른 요소와 얼마나 긴밀하게 연계되어 조화를 이루는가가 관건이기도 하다

3. **프랭클린 루스벨트 메모리얼의 어반 컴패니언**. 조각과 주변의 조경 디테일이 적절히 조화를 이루고 있는 좋은 예이다

1	2
	3

⑥ 상징물

상징적 표현은 정보를 제공하고 감정을 불러 일으키는 일련의 인지와 믿음을 주는 보편적 언어이다. 일정한 집단이나 사회에 의해 공유된 가치를 나타내는 상징물은 다양한 매체를 통하여 나타나는데, 이중에서 종교와 국가의 정체성은 상징물의 대표적인 주제이다. 기독교의 대표적 상징은 십자가이다. 서울 합정동 양화진에 있는 외국인 묘지에는 기독교를 선교하기 위해 왔던 선교사와 가족을 위한 묘지가 있는데, 여기에 있는 묘비를 보면 로마 십자가, 러시아 정교회 십자가 등 종파에 따라 십자가의 형태가 조금씩 다른 것을 볼 수 있다. 불교에서도 탑이나 연꽃은 고도의 상징적 의미를 갖는다. 탑은 사리신앙을 바탕으로 하여 발생한 독특한 상징물이다. 최초 인도에서 석가모니의 열반 후 화장을 함으로써 사리를 얻게 되었고 이 사리를 봉안하기 위하여 쌓은 것이 불탑이 되었다. 한편 국가를 상징하는 심볼로서 국기, 동물, 문양이 자주 사용된다. 예를 들어, 부산에 있는 재한유엔기념공원의 묘역에 세워진 국기표식이나 미국의 국가 메모리얼에 공통적으로 등장하는 성조기나 독수리는 대표적인 상징물이며, 우리나라에서는 각종 기념 공간에 무궁화나 태극문양이 우리나라의 정체성을 나타내는 주요 상징물로 도입되고 있다. 이 밖에도 거제도 포로수용소의 사자상에서 볼 수 있는 것처럼 집단적인 정체성을 표현하기 위한 상징물이 사용되는 경우도 있다.

외국인 묘지의 묘비. 십자가는 기독교의 정체성을 단적으로 나타내는 대표적 상징물이다(위)

재한유엔기념공원. 영국군 묘역과 터키군 묘역(아래)

1. **거제도 포로수용소 내에 한국전쟁 중 포로로 잡힌 중국공산당 군인들에 의해 만들어진 남방 사자상.** 집단의 정체성을 나타내기 위해 상징물이 사용되기도 한다

2. **프랭클린 루스벨트 메모리얼.** 독수리는 미국을 상징한다

3. **조지 부쉬 라이브러리 메모리얼.** 성조기는 미국의 국가 메모리얼에 빈번하게 등장하는 상징물이다

1	2
	3

용산가족공원 내 태극기 광장. 국기는 국가를 상징하는 가장 대표적인 상징물이다

앙카라 케말 아타튀르크 메모리얼. 그리스 신전을 본 따 만들어진 모뉴먼트이다

⑦ 모뉴먼트

모뉴먼트는 메모리얼의 주요한 양식이었다. 워싱턴 D.C.에 있는 국회의사당과 맞은편에 위치한 링컨 메모리얼과 터키의 수도 앙카라에 있는 근대 터키공화국을 만든 케말 아타튀르크를 위한 메모리얼은 시간과 장소를 달리 하면서도 모두 그리스 아테네의 파르테논 신전을 본 따 만들어졌다. 특히 케말 아타튀르크를 위한 메모리얼은 노란 빛을 띠고 있으며 수십 개의 계단 위에 그의 무덤이 올려져 있어 무척 인상적이다. 이 밖에도 인도의 타지마할, 워싱턴 D.C.의 제퍼슨 메모리얼은 모두 모뉴먼트로서 건물을 메모리얼로 사용한 사례이다. 이렇게 새롭게 만든 모뉴먼트와 달리 히로시마에 있는 원폭돔은 1945년 8월 6일 원자폭탄이 투하되었을 때 원폭투하지점 부근에 있던 물산장려관 건물유적이다. 이 건물은 돔의 철골을 그대로 드러낸 채 당시의 참상을 알려주는 상징적 모뉴먼트가 되고 있다.

토마스 제퍼슨 메모리얼. 모뉴먼트로서 건물을 활용한 사례이다(좌)

히로시마 원폭돔. 1997년 세계문화유산으로 등록된 원폭돔은 원자폭탄이 터지던 당시 상황을 가장 사실적으로 설명하고 있다(우)

메모리얼의 디테일 특성

① 형태

메모리얼 디테일의 형태는 원형, 사각형, 나선형, 수직선의 기본형과 자연 및 전통요소로부터 응용하거나 상징물을 형상화한 상징형, 그리고 상징적 의미를 추상적으로 표현한 추상형으로 분류할 수 있다.

기본형으로서 원형과 정방형은 디테일의 형태로서 물을 담기 위한 그릇으로서 자주 사용되었다. 비록 물이나 돌처럼 직접적인 경험에 의한 상징적 요소가 아니기 때문에 마음의 상상에 의존하기는 하지만 보편적으로 원은 인간에 의하여 이용된 형태 중에서 가장 완벽한 형태이며 생명의 상징으로서 하늘을 의미한다. 한편 정방형은 4개의 동일한 면의 안정성과 땅을 의미하는 상징성 때문에 물의 이미지와 자연스럽게 조화를 이루어 사용되는 경우가 많다.

상징적 형태의 사례로는 미국 샌조아퀸의 한국전쟁 메모리얼에서 사용된 태극문양을 예로 들 수 있는데, 이 태극 문양은 한국의 정체성을 표현하기 위해 사용되었다. 5·18

1. **5·18 국립묘지공원의 추모탑.** 감싸진 손 모양으로 만들어졌는데, 중앙의 타원형은 새로운 생명의 부활을 의미한다

2. **샌조아퀸 메모리얼.** 한국의 정체성을 나타내기 위해 태극 문양이 도입되었다

3. **USS 애리조나 메모리얼.** 패배와 승리를 추상적으로 표현했는데, 추상적 형태는 전달하고자 하는 메시지나 표현하고자 하는 바가 불명확해 곧잘 사회적 비판과 논쟁의 대상이 되기도 한다

국립묘지의 추모탑은 감싸진 손 모양으로 만들어졌는데, 중앙에 설치된 타원 형상은 새로운 생명의 부활을 의미하고 있다.

추상적 형태는 하와이에 있는 USS 애리조나 메모리얼의 기념구조물과 같이 패배와 승리를 추상적으로 표현한 구조물이나 워싱턴 D.C.의 베트남 메모리얼을 꼽을 수 있는데, 이러한 추상적 형태는 사람들에게 불분명하게 인식되어 사회적 비판과 논쟁의 대상이 되기도 한다.

② 재료

메모리얼에서 재료는 예술가나 조경가의 생각, 말, 개념을 전달하기 위한 상징적 매체로서 역할이 매우 중요하다. 메모리얼의 디테일에 사용되는 재료는 돌, 물, 금속, 콘크리트 등 자연에서 얻을 수 있는 영속성 있는 재료가 주로 사용된다.

돌은 견디어 내는 물리적 성질과 강도가 뛰어나기 때문에 내구성이 높은 중량감 있는 재료이다. 이 때문에 동·서양을 막론하고 인류 역사 초기부터 기념물의 주요한 소재로 사용되어왔다. 현대의 메모리얼에서도 심미적이고 내구성 있는 돌을 사용함으로써 영속성, 안정감, 웅장함, 미적 다양성, 지역성을 표현하고 있으며, 대부분 검은색과 흰색계열의 무채색 계열을 사용하여 죽음을 은유적으로 나타내고 있다.

나가사끼 원폭자료관 메모리얼. 유리의 투명함은 생명의 순수하고 깨끗함을 나타내 죽은 영혼을 위로하는 공간과도 잘 어울린다(위)

오클라호마 메모리얼(출처: Kim A. O'Connell(2000), "The Gates of Memorial", *Landscape Architecture* v90(9), p.73). 폭발 사건의 시작과 끝을 알리는 시간의 문에 청동이 사용되었다(아래)

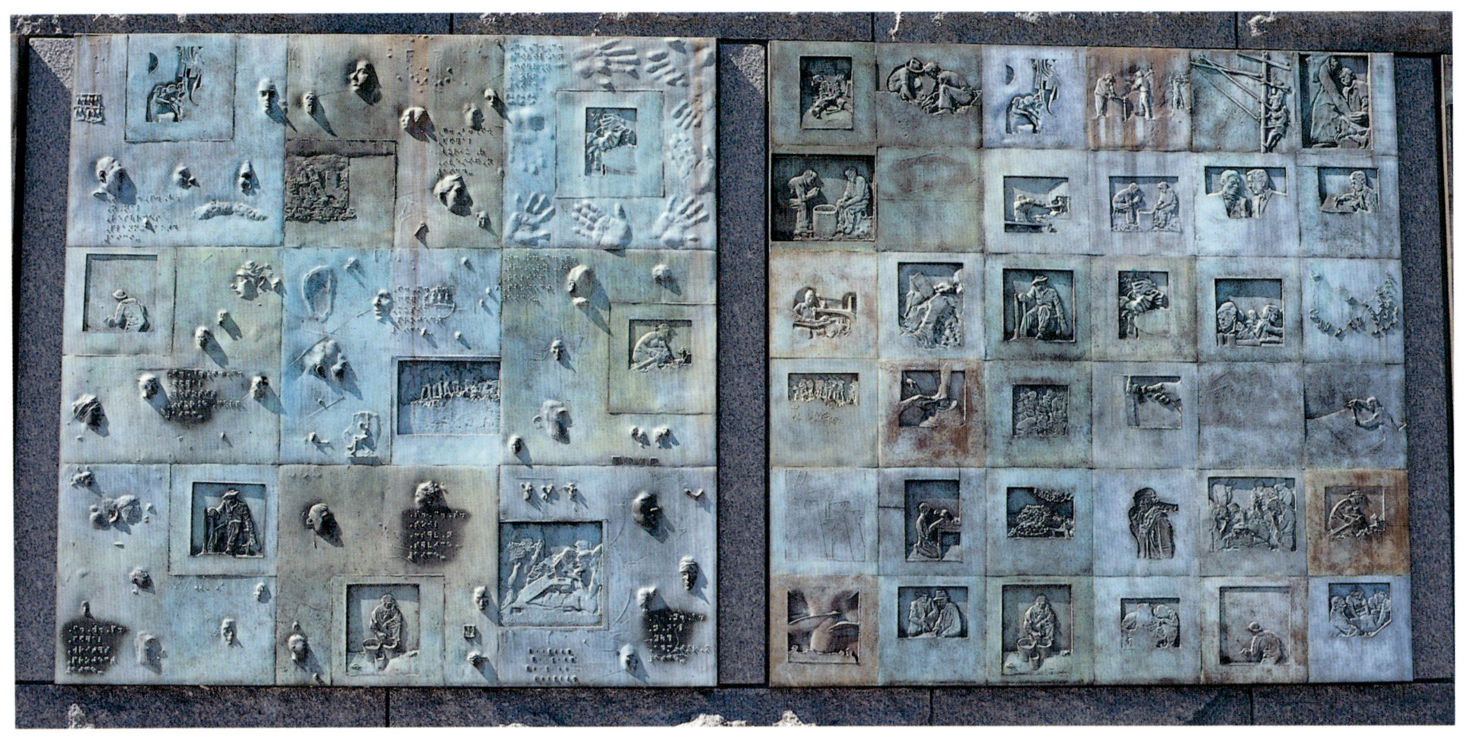

프랭클린 루스벨트 메모리얼 청동부조. 청동은 그 물성이 영속적이고, 예술적 효과가 높아 메모리얼의 디테일 재료로 빈번히 사용되고 있다

반면 물은 연약하면서 힘이 있고, 투명하면서 주변을 비추고, 생명의 근원적 요소이다. 이러한 속성으로 인하여 물은 생명감을 부여하거나 죽음을 추모하기 위해 사용되곤 하는데, 앞에서 언급한 마틴 루터 킹 목사의 메모리얼과 프랭클린 루스벨트 메모리얼의 폭포처럼, 물의 역동적인 움직임을 통하여 개인의 생애와 업적의 생명성을 표현하기도 하며, 못에 담겨진 잔잔한 물은 반영효과를 통하여 회고와 치유의 효과를 준다.

이밖에 재료의 사용에 있어 특징적인 것은 금속재로서 청동의 사용이 두드러지는 점인데, 오클라호마 메모리얼에서 폭발사건의 시작과 끝을 알리는 시간의 문에 청동을 붙인 것이나 프랭클린 루스벨트 메모리얼의 기념벽에 청동부조를 붙인 것처럼, 청동은 재료의 영속성과 예술적 효과가 높기 때문에 메모리얼의 재료로서 빈번히 사용되고 있다.

최근에는 보스톤의 홀로코스트 메모리얼의 6개의 유리타워나 나가사끼 원폭자료관의 유리벽처럼 유리가 메모리얼에 곧잘 적용되고 있다. 유리는 깨지기 쉬운 본래의 성질 때문에 충격에 약하지만, 오히려 이런 성질이 생명의 연약함을 의미하고, 투명함은 생명의 순수하고 깨끗함을 나타내 죽은 영혼을 위로할 수 있으며, 다양한 빛의 연출효과가 가능하다는 장점이 부각되고 있다.

③ 기법

메모리얼에는 광내기, 레터링, 실크인쇄, 음각, 특수조명 등 다른 조경 디테일보다 다양하고 섬세한 기법이 적용된다. 미국 보스톤 홀로코스트 메모리얼의 유리타워에는 유태인을 일련번호로 대체하여 은유적으로 표현하고 있고, 산호세에 있는 메모리얼에서는 유리에 실크 인쇄를 하였다. 앞서 언급한 바 있는 오레곤의 베트남 참전용사 메모리얼 입구에는 검은색 광내기 마감 석재판에 흰색의 글씨를 새긴 명판을 설치하였고, 워싱턴 D.C.의 한국전쟁 메모리얼에는 검은색 돌을 광내기 마감한 후에 에칭처리하여 그림을 묘사하고 있다. 이 밖에 유리에 빛을 이용한 연출방법이 도입된 경

산호세에 있는 Civil War Memorial. 유리에 실크 인쇄를 시도하였다

우도 있는데, 유리벽 사이에 조명장치를 설치하여 방문객이 이동을 함에 따라 빛의 작용에 의해 각 개인의 이름이 숨거나 명확하게 보이도록 하였으며, 오클라호마 메모리얼에서는 죽은 사람을 대신하는 의자의 하부에 야간에 빛이 투사되도록 하였다.

메모리얼 디테일의 미래

기념을 하는 행위는 사회, 문화, 종교 등 다양한 요인에 의해 달라지게 되며 국가, 사회, 심지어는 개인에 따라 고유한 특성을 가지고 있기 때문에, 메모리얼을 만들기 위해서는 기념문화에 대한 이해가 필요하며, 단순히 디테일의 특성만을 가지고 논하기에는 어려움이 있다.

지금까지 국내에서 이루어진 기념공간의 설계는 기념내용의 표현이 진부하고 단순한 디테일에 의존하여 왔다. 아울러 설계방법에 있어서도 공간설계에 편향되어 디테일은 이러한 공간을 채우는 기능요소로서 인식되어져 왔다. 또한 기념하고자 하는 내용과 관계가 적은 화계, 전통담장 등의 전통요소를 도입하다 보니 의미의 전달이 불명확한 경우가 많았다. 이러한 이유 때문에 상대적으로 넓은 공간에 많은 디테일을 도입하고 있음에도 불구하고 기념성이 적절히 구현되지 못하여 결국 예술작품이나 전통적인 디테일에 의존하게 되는 문제가 야기되고 있다. 이러한 문제를 해결하기 위해서는 기념공간의 조경

오클라호마 메모리얼. 죽은 사람을 대신하는 의자의 하부에 조명을 설치하였다(위)
오레곤 베트남 메모리얼. 검은색 광내기 마감 석재판에 흰색의 글씨를 새긴 명판을 설치하였다(아래)

설계는 관습적으로 시도되어 온 공간으로부터 디테일로의 접근이 아니라 디테일로부터 공간으로의 접근, 또는 디테일과 공간을 동시에 고려한 설계가 이루어져야 한다. 아울러, 조경설계의 중요한 부문인 예술적 측면은 공간의 구성에 의한 것이 아니라 실체를 구성하는 디테일의 예술성에 근간을 두어야 한다는 것을 유념해야 한다.

워싱턴 D.C.의 한국전쟁 메모리얼. 검은색 돌을 광내기 마감한 후에 에칭처리하여 그림을 묘사했다

Landscape Architecture **Detail**

3_ Earthwork

흙 조형물

흙 조형의 의미 / 자연의 지형 / 문화체로서 흙의 조형 / 흙 조형 예술 /
흙 조형과 조경의 만남 / 조경에서 흙의 조형 / 앞으로의 과제

03 Earthwork
흙 조 형 물

난지도 하늘공원. 쓰레기를 매립하여 만들어진 예상치 못한 거대한 흙조형물이다

흙 무덤. 인류는 원시시대에 움집을 만들고 죽은 사람의 무덤을 만들기 위해 땅을 파고 흙무덤을 만들었다. 이처럼 흙 조형은 인간의 생존을 위한 보편적인 행위이다

인류는 원시시대에 움집을 만들고, 죽은 사람을 매장하기 위해 땅을 파고 흙무덤을 만들었으며, 더 나아가 주술적 목적을 위해 의도적으로 흙의 조형을 시도하였다. 이처럼 흙의 조형은 인간의 생존을 위한 기본적이면서 보편화된 행위이다.

현대에 들어와서도 일상적으로 행하는 조경의 행위에는 적지 않은 흙 조형 작업이 포함되어 있다. 정원을 꾸밀 때 낮은 지대의 흙을 파서 못을 만들고, 그 흙으로 산을 조성하는 것이나, 흙을 자연스럽게 성토하여 여기에 소나무를 심는 것은 기능적이거나 미적인 목적을 위한 흙 조형 작업이다. 때로는 쓰레기를 매립하여 만들어진 난지도 하늘공원처럼 거대하고 예상치 못한 흙 조형물이 나타나기도 한다.

여기서 조경 디테일의 범주에 포함시키기에는 그 규모가 크고 고도의 추상성을 표현하는 흙 조형을 이야기하는 이유는 미학적 측면에서 흙을 이용한 조형작업이 미래에 적용범위가 넓어질 여지가 많고 예술적 측면에서 영역의 확장가능성이 크기 때문이다. 마찬가지로 조경분야에서 흙 조형 작업의 중요성은 점차 확대될 것이다.

흙 조형의 의미

흙은 돌이나 나무와 달리 특정한 형태를 갖고 있지 않아 조형이 자유롭고 인간에게 일상적이고 친근함을 주는 매체이다. 또한 우리의 전통적 관점에서 흙은 '기의 순환매개체'로 인식되고 있으며, 흙으로부터 와서 흙으로 돌아간다는 인간의 육체에 대한 환원론적 시각은 흙의 관념적 중요성을 더해주고 있다.

흙 조형작업의 사례는 역사를 통하여 다양한 분야에서 찾아볼 수 있는데, 고대의 원시무덤, 피라미드, 고분, 토성 등을 우선 꼽을

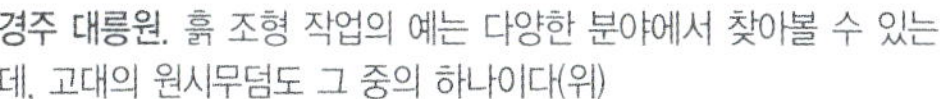

경주 대릉원. 흙 조형 작업의 예는 다양한 분야에서 찾아볼 수 있는데, 고대의 원시무덤도 그 중의 하나이다(위)

경주 오릉. 흙으로부터 와서 흙으로 돌아간다는 인간의 육체에 대한 환원론적 시각은 흙의 본질적 의미에 중요성을 더해준다(아래)

수 있다. 근대와 현대에 와서는 폐광산이나 매립지 등 특수한 목적을 위해 인간에 의해 만들어지거나 파괴된 지형이 흙 조형의 대상이 되고 있다.

그러나 현대의 흙 조형작업을 이해하기 위해서는 1960년대 이후에 미국에서 본격적으로 시작된 대지예술에 대해 살펴보아야 한다. 대지예술land art과 관련해서는 그동안 다양한 용어들이 사용되어 왔는데, 경작지나 건물부지 등 특정한 목적을 가진 땅으로서의 대지land와 대지 표면의 실체를 나타내는 흙이나 땅earth, 여기에 예술art이나 조각sculpture을 붙여 대지예술earth or land art 혹은 대지조각earth or land sculpture으로 부르는 것이 보편적이다. 때로는 이보다 더 모호한 용어로서 과정예술process art, 환경예술environmental art, 생태예술ecological art 등이 관계를 맺기도 하지만, 포괄적으로 이러한 유형의 작업을 부를 때는 대지예술이 가장 무난하다고 할 수 있다. 그러나 대지에는 물, 공기, 불 등의 다른 매체까지도 포함되므로, 본 글의 주제인 흙 조형을 논할 때는

지리산의 연봉. 부드럽게 굽이치며 겹치는 연봉은 자연에 대한 우리들의 심성과 일치한다(위)

지리산과 섬진강. 흙의 조형은 자연의 지형 속에서 찾아 볼 수 있는데, 산과 강은 대표적인 자연 지형이다(아래)

다루고자 하는 매체가 흙이라는 점에서 흙을 이용한 조각earth sculpture, 흙을 이용한 예술earth art, 흙을 이용한 작품earth works이 보다 적합하다고 할 수 있다.

이러한 흙 조형을 다른 예술분야와 비교해 보면, 일반적으로 규모가 크고 장소에 잠재되어 있는 의미의 표현이 중요하다는 점이 특징적이다. 아울러 흙이라는 매체의 속성상 추상성이 강한 경우가 일반적이며, 외부공간에 설치되므로 주 · 야, 계절, 일기조건에 따라 이미지가 다양하게 변화되며, 주변 자연경관과의 관계가 미적 표현에 있어 중요한 관심사가 된다.

자연의 지형

흙의 조형은 지구의 나이만큼이나 오래된 자연의 지형 속에서 찾아 볼 수 있다. 인간에 의한 문화적 산물과 예술작품도 근본적으로는 자연에 의해 영향을 받은 것이라고 볼 수 있다. 자연 지형에 자주 나타나는 산과 강, 언덕, 산봉우리 등은 대표적인 지형의 형태 요소이다. 우리의 자연 지형에 나타나는 부드럽게 굽이치며, 겹치는 연봉은 자연에 대한 한국인의 심성과도 일치한다.

이와는 달리 사막이나 침식에 의해 만들어진 독특한 지형이나 돌기둥은 지형요소로서 또 다른 흥미를 유발한다. 미국 애리조나 북동부에 위치한 모뉴먼트 밸리Monument Valley Tribal Park에는 바위굴뚝Rock Chimney이라고 불리는 기둥이 곳곳에 서 있다. 그 기둥들의 하부는 경사가 45° 정도이고 상부는 거의 수직에 가까운데, 가장 높은 것 중 하나의 꼭대기는 평탄하여 원래 존재했던 평원의 높이를 아직까지 그대로 간직하고 있다. 수 백 만년동안 물과 바람은 이 부드러운 바위를 침식시켰으며 고매하게 남겨진 생존자들이 바위의 모습을 형성하고 있는 것이다. 멀리서 보면 고립된 듯한 모습을 보여주는 이 돌기둥은 그 독특한 형태로 인해 사람들의 시선을 잡아끈다. 이와 가까운 곳에 위치하고 있는 브라이스 캐니언 국립공원Bryce Canyon National Park도 마찬가지로 침식 지형이지만, 사람들은 그 규모에 압도되고 만다. 셀 수 없이 많은 후두Hoodoos와 그 사이로 만들어진 계곡은 자연이 만든 경관예술의 장엄함과 섬세함을 동시에 보여주고 있다. 침식에 의한 지형변화와 다르게 사막에서 지형은 더욱 역동적으로 변화한다. 모래입자가 강한 바람에 의해 날카로운 에지를 만들어가면서 끊임없이 이동하여 새로운 지형을 만들어내기 때문이다.

1. **모뉴먼트 밸리의 돌기둥.** 자연이 빚어낸 돌기둥 역시 독특한 형태로 인해 사람들의 시선을 끄는 자연지형이다
2. **데스밸리 국립공원의 사막.** 사막이나 침식에 의해 만들어진 독특한 지형은 색다른 흥미를 유발한다
3. **브라이스 캐니언 국립공원의 지형.** 어마어마한 규모에 사람들은 압도되고 만다

1	2
	3

문화체로서 흙의 조형

자연지형과 달리 문화적 산물로서 흙의 조형은 자연, 종교, 사회, 경제 등 복합적인 요소가 반영되어 나타난 것으로 그 형태는 많은 의미를 내포하고 있다. 예로부터 우리나라에서는 땅을 즉물적인 대상으로 보지 않고 살아있는 생명체로 보아 신선사상이나 음양오행사상과 풍수지리설에 의해 그 힘이 인간에게 미친다고 보았으며, 그런 인식을 바탕으로 길흉화복을 예견하기도 했다. 이처럼 자연 및 문화인식체계에 의한 지형의 해석은 자연지형을 정복의 대상이 아니라 관조의 대상으로 보아 사람들은 자연지형을 절대 완성품으로 인식하고 적응하려고 하였으며, 간혹 부분적으로 지형을 보완하는 것이 고작이었다.

이러한 자연관에 기초하여 우리의 경관 속에는 적지 않은 문화체로서의 흙 조형물이 있다. 예를 들어, 농경문화의 산물로서 계단식 경작지가 있는데, 경작지의 경계선은 자연지형을 따라 자연스럽게 구불구불한 형태로 만들어졌다. 대부분 천수답인 계단식 경작지는 식량자급이 어려웠던 시절 치열했던 삶의 모습을 잘 보여주고 있다. 이 밖에도 풍납토성 및 몽촌토성과 같은 거대한 흙 조형물이 있으며, 크고 작은 고분들도 문화적 산물로서 나타난 흙 조형물이라 할 수 있다.

계단식 경작지. 농경문화의 산물인 계단식 경작지의 경계선은 자연 지형을 따라 자연스럽게 구불구불한 형태로 만들어졌다

몽촌토성. 자연지형과 달리 문화적 산물로서 나타난 흙 조형은 자연, 종교, 사회, 경제 등 복합적인 요소가 반영되어 나타난 것으로, 조형의 형태는 많은 의미를 내포하고 있다

흙 조형 예술

1960년대 이후 대지와 인간의 새로운 관계를 모색하기 위하여 미국을 중심으로 하이저Michael Heizer, 스미슨Robert Smithson, 마리아Walter De Maria, 모리스Robert Morris와 같은 예술가들이 옥외환경에서 지형을 이용하거나 조형을 통한 대지예술 작품을 만들기 시작하였다.

예술의 사회참여와 예술의 급진성을 주창하던 하이저는 1969년에 네바다 사막의 오버톤Overton에 'Double Negative' 라는 작품을 만들어, 자연지형 속에 인위적인 직선의 축을 만들어 자연환경파괴라는 지적과 함께 자연경관과 대지조형작품의 관계에 대한 논쟁을 불러 일으켰다. 스미슨은 1970년 미국 유타주 솔트 레이크Great Salt Lake에 만든 'Spiral Jetty' 를 통해 예술작품과 부지의 관계를 찾고자 하는 시도를 하였다. 작품이 설치된 대상지는 산업폐기물로 버려진 곳이었는데, 그는 부지의 지형 등 자연요소를 모티브로 하여 나선형의 형태로 대지예술 작품을 창조해냈다. 장소성과 장소의 본질에 대한 예술적 접근은 그의 주요 관심거리였으며, 스스로 예술가는 자연과 작품이 설치될 부지의 특성과 조화를 이루는 작품을 창조해야 한다고 주장하였다. 이 밖에도 그는 버려진 광산과 채석장, 오염된 하천과 강을 대지예술을 통해 재생시키는 것에 많은 관심을 두었다.

'Double Negative', Michael Heizer, Mormon Mesa, Overton, Nevada, 1969~1970(출처: Gilles A. Tiberghien (1995), *Land Art*, New York: Princeton Architectural Press, p.88). 하이저는 자연지형 속에 인위적인 직선 축을 만들어 자연환경파괴라는 지적과 함께 자연경관과 대지조형작품의 관계에 대한 논쟁을 불러 일으켰다(좌)

'Spiral Jetty', Robert Smithson, 1970(출처: Gilles A. Tiberghien(1995), *Land Art*, New York: Princeton Architectural Press, p.262). 스미슨은 이 작품을 통해 자신의 주요 관심사였던 장소성과 장소의 본질에 대한 예술적 접근을 시도했다. 그는 대지예술 작품으로 버려진 광산과 채석장, 오염된 하천 같은 부지의 재생을 꾀하고자 했다(우)

'Grand Rapid Project', Robert Morris, 1974(출처: Gilles A. Tiberghien(1995), *Land Art*, New York: Princeton Architectural Press, p.123). 모리스는 이 프로젝트에서 자연 속에서 관람자들이 참여할 수 있는 대지조형을 시도했는데, 이 시기를 기점으로 공공부문에서 대지예술에 대한 본격적인 지원을 하기 시작했다(위)

'Roden Crater Project', James Turrell, 1992(출처: Gilles A. Tiberghien(1995), *Land Art*, New York: Princeton Architectural Press, p.152). 터럴은 빛이 물리적 실체로 느껴지는 작품을 창작했는데, 신비스런 분위기가 물씬 느껴진다(좌)

'Sod Maze', Richard Fleishner, 1974(출처: John Beardsley(1984), *Earthworks and beyond*, Cross River Press, Ltd., p.30). 플레이쉬너가 외부환경조각전을 위해 로드 아일랜드에 만든 작품으로, 4개의 동심원과 가운데로 향하는 한 개의 길로 구성되어 있다(우)

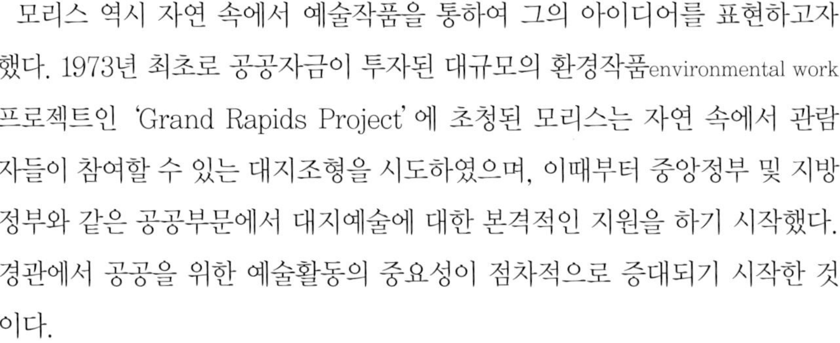

모리스 역시 자연 속에서 예술작품을 통하여 그의 아이디어를 표현하고자 했다. 1973년 최초로 공공자금이 투자된 대규모의 환경작품environmental work 프로젝트인 'Grand Rapids Project'에 초청된 모리스는 자연 속에서 관람자들이 참여할 수 있는 대지조형을 시도하였으며, 이때부터 중앙정부 및 지방정부와 같은 공공부문에서 대지예술에 대한 본격적인 지원을 하기 시작했다. 경관에서 공공을 위한 예술활동의 중요성이 점차적으로 증대되기 시작한 것이다.

이밖에도 플레이쉬너Richard Fleischner는 1973년 외부환경조각전 'Monumenta'를 위해 로드 아일랜드Rhode Island에 4개의 동심원과 가운데로 향하는 한 개의 길로 구성된 'Sod Maze'를 만들었고, 터럴James Turrell은 'Roden Crater Project'에서 빛이 물리적 실체로 느껴질 수 있도록 하는 신비스런 분위기를 연출하였는데, 규모가 크고 형태에 있어서도 매우 미묘한 아방가르드의 모습을 잘 보여주고 있다. 오늘날의 조경가가 주변의 경관을 탐색하고 지형과 재료를 활용하고 그리고 빛을 이용하여 물리적, 상징적, 심리적으로 심오한 느낌을 전달하고자 하는 것과 같은 시도를 한 것이다.

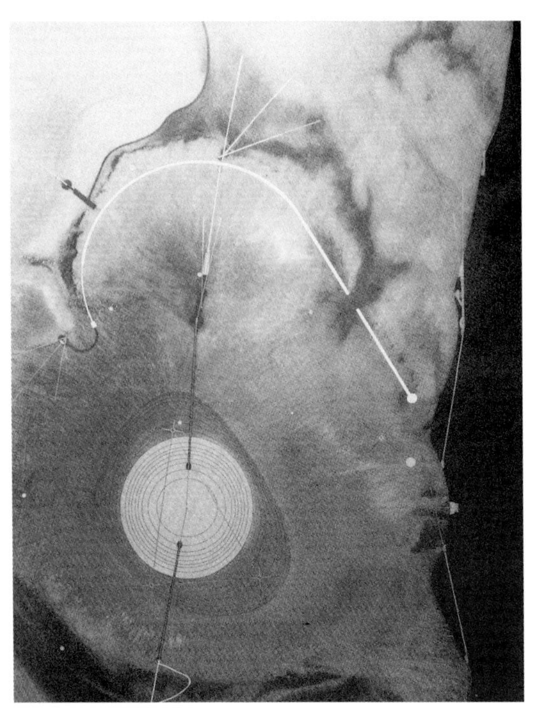

'Untitled Reclamation', Robert Morris, 1979(출처: John Beardsley(1984), *Earthworks and beyond*, Cross River Press, Ltd., p.92). 모리스는 부지의 중심으로부터 경사진 무대를 형성하는 동심원의 테라스를 만들어 오직 하늘만이 보이도록 하였고, 경사지의 꼭대기에는 상징적으로 몇 개의 나무 밑둥을 남겨 두어서 부지의 장소적 의미를 표현하고자 하였다

이러한 예술가들의 노력은 사회적으로 많은 공감대를 얻기 시작하였고, 1979년 여름 미국 워싱턴주 시애틀에서는 이러한 노력의 결실로 다양한 공공부문의 지원에 의해 'Earthworks: Land Reclamation as Sculpture' 라는 제목의 기억할 만한 프로젝트가 개최되었다. 시애틀의 킹 카운티 지역의 버려진 땅을 대상으로 하여 7명의 예술가를 초청한 전시회가 열린 것인데, 이중에서 모리스의 작품이 최종 선정되었다. 그는 작품에서 부지의 중심으로부터 경사진 무대를 형성하는 동심원의 테라스를 만들어 오직 하늘만이 보이도록 하였고, 경사지의 꼭대기에는 상징적으로 몇 개의 나무 밑둥을 남겨 두어서 부지의 장소적 의미를 표현하고자 하였다.

이와 같이 발전을 거듭해 온 대지예술은 환경의 문제를 해결하고 사회적 가치와 공공성을 높이며, 예술작품을 외부공간으로 끌어내는 계기를 제공하였다. 즉 대지예술은 후기산업시대의 문제점인 자연 파괴와 환경 문제를 해결하기 위한 시의적절한 하나의 방안을 제시했고 기존 예술의 창작한계를 넓혀 준 것이다. 아울러 조경과 만남의 계기를 제공하여 현대 조경의 발전에도 큰 기여를 하였다.

그러나 대지예술을 스미슨이나 그와 동시대를 보낸 아방가르드 작가들이 처음으로 개발한 창조적 예술이라고 부를 수는 없다. 하이저가 그의 작품을 아방가르드가 아니라 멕시칸 문명과 같은 고대문명과 연계된 문화요소로 언급한 것에서도 판단할 수 있듯이 흙조형작업을 단순히 근대에 들어와 새롭게 등장한 영역으로 보아서는 안된다는 것이다. 이 밖에도 이전의 많은 대지예술가들은 추상적 형태의 순수성에 관심을 가지고 있었으며, 골드워터Robert Goldwater처럼 선사시대의 예술과 연결되는 '지적 원시주의Intellectual primitivism'의 경향을 보여주었다. 이것은 1960년대 이후에 등장한 대지예술의 예술적 추상성을 더욱 풍부하게 해주는 좋은 계기가 되었으며, 작가들이 대지예술의 한계를 극복하고 무한한 예술적 탐구영역으로 들어갈 수 있도록 해주었다.

한편 대지예술에 대하여 이러한 가능성과 긍정적 측면만 있는 것은 아니다. 비평가들은 하이저의 'Double Negative'에 대해 자연파괴라는 문제점을 지적하기도 했으며, 일부 작품은 실제 작품이 아닌 사진이라는 매체를 통해서만 알려져, 진실의 왜곡이라는 문제가 대두되기도 했다.

경주 안압지. 우리나라의 경우, 전통적인 공간의 연못에서 흙 조형의 사례를 엿볼 수 있다(위)

선암사 연못. 낮은 곳의 흙을 파내 연못을 만들어 물을 모으고 이 연못을 경관적으로 이용하는 조경기법은 우리에게 친숙하다(아래)

스이젠지의 축경식 지형. 일본은 우리나라와 달리 축경식 정원 기법이 특징적이다. 이 축경식 지형은 후지산을 본 따 만들었다(좌)

히로시마 산케이엔. 자연지형을 축소하여 표현하는 축경식 정원은 일본의 대표적인 정원 조성기법이다(우)

흙 조형과 조경의 만남

앞에서 언급한 것처럼 흙의 조형과 조경의 만남은 인류 역사만큼이나 오래되었다. 우리나라에서도 경주의 안압지나 전통적인 공간의 연못에서 그 사례를 찾아볼 수 있다. 삼국사기에 의하면 안압지는 674년 궁안에 못을 파고 무산십이봉巫山十二峰을 본 딴 석가산石假山을 만들어 화초를 심고 진금기수珍禽奇獸를 길렀다고 전해지고 있다. 이렇게 낮은 곳에 연못을 만들어 물을 모으고 이 연못을 경관적으로 이용하는 조경기법은 전통적으로 우리에게 익숙한 방법이기도 하다. 한국과 달리 일본에서는 축경식 정원이 정원의 주요한 양식으로 자리잡고 곳곳에 만들어졌는데 일본 구마모토에 있는 스이젠지水前寺에는 후지산을 본 뜬 축소된 지형이 조성되어 있으며, 히로시마에 있는 산케이엔三景園에서 일본의 축경식 정원의 특성을 잘 살펴볼 수 있다.

서양에서 두드러지는 사례는 영국의 자연풍경식 정원의 지형이다. 이것은 미국의 옴스테드Fredrick Law Olmsted와 보우Calvert Vaux에 의해 뉴욕의 센트럴 파크와 브루클린의 프로

스토어 헤드(출처: John Beardsley(1984), *Earthworks and beyond*, Cross River Press, Ltd., p.64). 18세기 중반 헨리 호어에 의해 만들어진 이 정원에는 부정형의 호수와 언덕, 수목의 군식 등 자연풍경식 정원의 특징이 잘 나타나 있다

스펙트 파크로 전해져 오늘날에도 우리가 쉽게 만날 수 있는 공원과 정원의 지형의 형태로서 자리잡고 있다. 18세기에 들어서면서 풍경화의 영향을 받아 등장한 자연풍경식은 브릿지만Charles Bridgeman이나 켄트William Kent와 같이 뛰어난 조경가들에 의해 기존의 기하학적인 형태를 넘어서서 자연스러운 지형의 변화를 통해, 다양함, 복잡성, 불규칙성, 숨김과 노출 등 여러 감각을 표현하는 양식으로 나타났다. 18세기 중반 헨리 호어Henry Hoare에 의해 만들어진 풍경식 정원인 스토어헤드Stourhead에는 부정형의 호수와 언덕, 수목의 군식 등이 잘 나타나고 있다.

1960년대부터 예술적 장르로 인식되기 시작한 흙 조형작업은 지역성, 장소적 의미, 매체의 재활용 등 다양한 측면에서 조경과 밀접한 관계를 갖고 있다. 스미손이 부지의 장소적 의미와 작품의 환경적 기여를 강조한 것이나, 모리스가 대지조형의 공공성을 높이려고 한 것은 조경과 유사한 속성을 갖는 부분이다. 또한 조경가인 하그리브스George Hargreaves가 로버트 스미손의 대지예술작품에 영향을 받았다고 말한 것처럼 대지예술은 조경의 원초적 아이디어와 모티브가 될 수 있다. 이밖에 이사무 노구찌는 대지와 환경 그리고 인간의 관계를 보다 직접적으로 표현하면서, 1933년 공원인 동시에 놀이터인 'Play Mountain'을 만들고, 많은 조각정원sculpture gardens을 조성했으며, 조각예술의 공공성에 대한 인식의 확산에 기여하였을 뿐만 아니라 공공공간에서 환경예술의 중요성을 부각시키는데 큰 역할을 하기도 했다.

현대에 들어와서 마야 린Maya Lin이 설계한 베트남 전쟁 메모리얼을 대지예술과 조경의 영역이 공유됨을 보여주는 좋은 사례로 꼽을 수 있다. 이 메모리얼은 검은색 돌로 만들어진 2개의 기념벽이 'V'자형을 이루고, 벽을 따라서 점진적으로 낮은 곳으로 경사져 내려가다가 다시 올라오는 형태를 취하고 있어, 시간의 전개에 따라 죽음과 절망으로의 꺼짐과 삶과 희망으로의 솟음이라는 대비와 반전의 상징적 의미를 잘 표현하고 있다.

미국 워싱턴 D.C. 베트남 전쟁 메모리얼. 검은색 돌로 만들어진 2개의 기념벽이 'V'자형을 이루고, 벽을 따라서 점진적으로 낮은 곳으로 경사져 내려가다가 다시 올라오는 형태를 취하여, 시간의 전개에 따라 죽음과 절망으로의 꺼짐과 삶과 희망으로의 솟음이라는 대비와 반전의 상징적 의미를 표현하고 있다. 대지예술과 조경의 영역이 공유됨을 보여주는 좋은 사례 중 하나이다

하늘공원. 흙 조형 예술작업이 1960년대 미국에서 폐광산, 채석장 등을 대상으로 태동된 것처럼, 최근 들어 우리나라에서도 쓰레기 매립장, 폐광산부지, 폐기된 채석장 등을 재생시키는 유사한 사례들이 등장하고 있다. 쓰레기 매립지였던 난지도는 이제 억새와 풀과 바람 그리고 구름이 주인공인 하늘공원으로 탈바꿈했다

조경에서 흙의 조형

흙 조형 예술작업이 1960년대 미국에서 폐광산, 채석장 등을 대상으로 태동된 것처럼, 최근 들어 우리나라에서도 쓰레기 매립장이었던 난지도, 폐광산부지, 폐기된 채석장 등을 재생시키는 유사한 사례들이 등장하고 있다. 아울러, 대지예술에 대한 새로운 인식이 확산되고 있으며, 일부 조경가에 의해 흙을 매체로 하는 조형작업이 증가하고 있는 추세이다.

1	2
3	4

1. **평화의 공원.** 최근들어 대지예술에 대한 새로운 인식이 확산되고 있으며, 흙을 매체로 조형작업을 하는 조경가들도 점차 증가하고 있는 추세이다
2. **베를린 포츠담 플라자.** 조경공간 내에 대규모 흙 조형 작업이 이루어진 예이다
3. **서울 삼성병원의 흙 조형.** 태극을 모티브로 한 흙 조형물이다
4. **골프장.** 대지조형은 골프장을 설계하고 만드는데 가장 핵심이 되는 작업이다

조경에서 흙 조형을 가장 많이 적용하는 경우는 골프장을 들 수 있다. 골프장 설계에서 대지조형은 단순히 미적인 목적만이 아니라 골프장의 골격이 되는 동시에 경기를 하는데 결정적 영향을 주는 요소이기 때문이다.

이 밖에도 외부공간을 조성하는데 있어 조경가는 흙 조형을 점차적으로 중요하게 인식하고 있다. 서울 삼성병원에 만든 태극을 모티브로 한 흙 조형물, 베를린의 포츠담 플라자에 만들어진 대지조형, 밀턴케인즈 캠벨파크Campbell park의 무대, 헬싱키 보사리Vousaari에 만들어진 근린공원의 대지조형, 동경 빅사이트Bigsite 전시장 등은 조경공간에 흙 조형이 적용된 훌륭한 사례들이다.

앞으로의 과제

우리에게는 직선보다는 곡선의 흙조형이 익숙하게 느껴진다. 곡선의 예술은 앞에서 언급한 것처럼 인위적인 것이 아니라 자연의 이치를 존중하는 개념이 그 바탕을 이루고 있다. 그렇기 때문에 현대에 등장하기 시작한 대지예술의 정형적인 선과 강력한 형태는 우리의 형태적 코드로는 수용하기에 어렵고 부자연스러운 것이었는지 모른다. 하지만 우리 주변에 의미 없이 넘쳐나는, 모호하거나 부드러운, 혹은 뭉개진 형태의 정지작업은 한번쯤 짚어보아야 할 문제이다. 예술적 표현매체로서 자유로운 조형성을 담보할 수 있고, 장소성을 담아내는 표현매체이자 문화의 집적요소인 흙의 다양하고 심오한 물성을 없애버리는 것은 아닌지 생각해보아야 한다는 것이다. 아울러, 예술적 표현방식으로서의 흙 조형 보다는 기능적이고 실용적인 측면에만 집착하고 있는 조경가의 제한적이고 편의적인 사고도 경계해야 할 것이다.

헬싱키 보사리 근린공원의 대지조형. 마치 대지예술 작품처럼 보일 정도로 흙조형이 적극적으로 시도되었다

동경 빅사이트 전시장. 조경공간에 흙 조형이 적용된 훌륭한 사례 중 하나이다

Landscape Architecture **Detail**

4_ Arch

아치

아치의 기원과 역사 / 아치의 기하학적 형태 / 아치의 구조와 재료 / 아치의 구조미학과 응용

04 Arch

아치arch는 벽이나 건물, 석교, 문, 터널, 교량, 환경조형물 등 다양한 구조물에서 상부하중을 지지하기 위하여 돌이나 벽돌, 블록을 맞대어 곡선형으로 쌓아올리거나 일체화하여 만든 구조이다. 'Arch'의 어원은 활을 의미하는 라틴어인 'arcus'로부터 파생되었으며 나중에 프랑스어 'arche'로, 영어의 'arch'로 변화하여 오늘날 사용되고 있다. 같은 어원을 쓰는 단어 중에는 원호를 나타내는 'arc', 아치가 연속되어진 '아케이드arcade' 등이 있다. 아치는 궁륭vault이나 돔dome과 같은 다양한 조형적 요소로 응용 및 변형이 가능한 원형적 형태로서, 구조적인 장점과 조형성을 만족시킬 수 있는 이상적인 조형요소로 인식되어 왔다.

베르사이유 궁전. 인류 문명 초기의 구조형태인 기둥과 인방구조는 구조적인 튼튼함과 웅장함을 주었지만 나무와 돌을 사용할 때, 상대적으로 큰 공간에 비해 경간이 짧다는 문제점을 가지고 있었다. 이를 해결하기 위한 첫 번째 시도가 아치의 개발이었다

아치의 기원과 역사

동·서양을 막론하고 모든 문명권에서 공통적으로 사용되었던 구조형태이므로 아치의 기원에 대해서는 다양한 견해가 있을 수 있으나 사람에 의한 첫 시도는 자연으로부터 모티브를 얻어왔을 것으로 판단된다. 자연 속의 아치는 인류가 존재하기 훨씬 전부터 존재해 왔으며, 자연의 힘에 의해 오랜시간에 걸쳐 만들어진 아치는 사람들에게 구조적 우수성과 아름다움을 보여 주었을 것으로 생각된다. 예를 들면, 새들의 알, 동굴, 돌 아치, 새집 등과 같은 자연적인 아치가 아이디어의 근원이 되었고, 이것들이 잠재의식 속에 발현되어 사람에 의해 아치가 만들어지게 된 것으로 이해할 수 있다. 그러나 근대 이전의 대부분의 구조적 기술과 지식이 그러하듯이 아치의 등장은 구조역학적 지식에 기반을 둔 것이 아니라 무수한 시행착오를 거쳐 얻어낸 경험적인 결과에 근거한 것이라고 볼 수 있다.

콜롯세움. 로마인들은 그들이 사용한 아치가 경험적으로 돌의 하중에 의해 작용하는 인장력을 압축력으로 전환시켜 효율적으로 지반에 전달하는 구조라는 것을 알고 있었다. 게다가 아치는 구조물의 안정성을 저해하지 않으면서 벽의 간격을 넓게 할 수 있는 장점을 가지고 있었으며, 형태적으로도 매력적이었다

실제로 단순한 석조 아치가 발전해 정교한 고딕식 궁륭이 되기까지 많은 단계가 있었다. 인류 문명 초기의 구조형태인 기둥post과 인방구조lintel는 구조적인 튼튼함과 웅장함을 주었지만 나무와 돌을 사용할 때, 상대적으로 큰 공간에 비해 경간span이 짧다는 문제점을 가지고 있었다. 이를 해결하기 위한 첫 번째 시도가 아치의 개발이었다. 신석기 시대에 이미 삼각형 모양의 아치가 있었으며, 둥근 아치를 인류가 사용하기 시작한 흔적은 메소포타미아인에 의해 기원전 4천년 무렵으로 거슬러 올라간다. 이집트에서도 기원전 3천년경 아치구조를 사용하였으며, 중국에서도 이에 못지않은 아치구조가 사용되었다.

1. **헤로데스 아티커스 극장.** 기원후 161년에 아테네에서 만들어진 무대로 아치가 적극적으로 사용되었다

2. **히에라폴리스의 로마극장.** 터키 파묵칼레의 고도에 만들어진 무대로 아치만의 구조적 아름다움을 엿볼 수 있다

3. **이스탄불의 수도교.** 연이은 아치로 만들어졌는데, 그 규모가 크고 정교하여 아치 구조의 안정성을 잘 보여주고 있다

1 2 3

상대적으로 유럽에서는 아치를 뒤늦게 사용하였는데, 기원전 2세기경 그 형태를 완성한 로마인에 의해 크게 기술발전이 이루어졌다. 당시 주요한 건설재료인 석재는 압축력에는 강하지만 부서지기 쉽고 휨강도가 낮은 문제를 안고 있었다. 로마인들은 그들이 사용한 아치가 경험적으로 돌의 하중에 의해 작용하는 인장력을 압축력으로 전환시켜 효율적으로 지반에 전달하는 구조라는 것을 알고 있었다. 이뿐 아니라 아치는 구조물의 안정성을 저해하지 않으면서 벽의 간격을 넓게 할 수 있는 장점을 가지고 있었으며, 형태적으로도 매력적이었다. 로마인들에 의해 사용된 아치는 완전한 반원이었다. 로마 근교에 위치한 작은 도시인 티볼리에 기원후 118년에 만들어진 하드리안Hadrian 황제의 빌라 안에 있는 연못 주변의 열주column에는 이전의 그리스 시대에 주로 사용되던 기둥과 인방引枋의 단순한 구조와 새롭게 적용되기 시작한 아치구조가 조각과 함께 만들어져 있어, 아치구조 사용에 있어 당시의 전환기적 양상을 잘 보여주고 있다. 이밖에도 기원후 1세기경에 만들어진 콜롯세움, 기원후 161년에 만들어진 아테네의 헤로데스 아티커스 무대Theatre of Herodes Atticus, 비슷한 시기에 만들어진 터키 파묵칼레의 고도 히에라폴리스Hierapolis의 로마 무대, 로마제국의 수도교水道橋:aquaduct는 연이은 아치로 만들어졌는데, 그 규모가 매우 크고 정교하여 아치구조의 안정성과 아름다움을 잘 보여주고 있다.

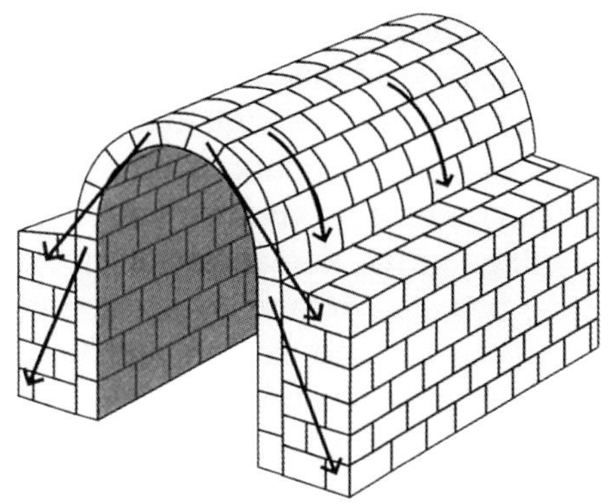

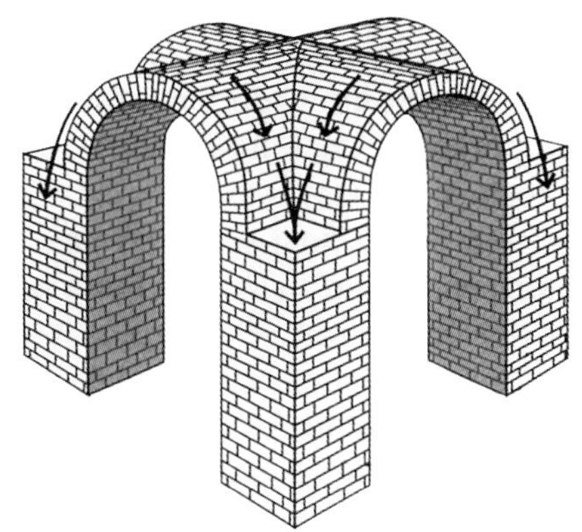

교차형 궁륭. 둥근 천장을 직각으로 교차시켜 구성한 교차형 궁륭은 기존 아치의 많은 문제점을 해결하였지만, 볼트의 중량과 실내의 어두움 등 몇 가지 단점도 갖고 있었다. 고딕 시대의 첨두 아치는 이런 문제점을 해결해냈다

아치는 형태에 내재하는 인장력과 압축력 때문에 홍예가 끼워져 완전하게 만들어진 다음에야 비로소 구조적으로 안전하다. 따라서 작업 중에는 반드시 아래로부터 지지하기 위한 프레임이 필요하다.

아치가 연속해서 길이로 확장되면 터널 모양의 둥근 천장의 통 아치로서 볼트vault가 되는데, 이로 인해 구조물 내부에 넓은 공간을 만들 수 있다. 로마인들은 이것을 즐겨 사용했는데 수백 년 후 중세의 성당에까지 사용되었다.

로마네스크 건물에는 둥근 천장을 직각으로 교차시켜 구성한 교차형 볼트groin vault가 사용되었다. 둥근 아치와 로마네스크의 볼트는 많은 문제점을 해결하였지만 그럼에도 불구하고 몇 가지 결점을 가지고 있었다. 하나는 둥근 아치가 안정되려면 반원의 형태가 되어야 하기 때문에 아치의 높이가 그 폭으로 제한된다는 점이었다. 또 다른 문제는 볼트의 중량과 어두움의 문제이다. 볼트는 구조적 안정성을 유지하기 위해서 둥근 천장의 무게가 매우 무거워야 하기 때문에 창문을 작게 만들 수밖에 없어 실내가 어두운 단점이 발생했다. 그래서 채광도를 높이고 실내공간을 확대하기 위해 구조적인 노력이 기울여졌는데 고딕 시대의 첨두아치pointed arch가 이런 문제를 해결하였다. 첨두 아치는 둥근 아치와 다른 많은 장점을 가지고 있었는데, 아치가 첨두까지 높아지게 되므로 하중을 지반으로 급속히 전달할 수 있고 기존의 볼트보다 훨씬 큰 구조물을 만들 수 있었다. 고딕의 건축가들은 주요 교차부가 리브로 보강된다면 볼트의 곡선부에 무거운 재료를 사용할 필요가 없다는 것을 알게 되었으며, 그 결과 고딕의 볼트는 더욱 밝아지고 돌 벽에 스테인드글라스 창을 도입할 수 있게 되었다.

아치의 기하학적 형태

아치는 기하학적 형태에 따라 반원형, 호형, 말발굽형, 평형, 첨두형, 첨두삽엽형, 오지형으로 구분할 수 있다. 로마와 중세 건축가들이 자주 이용하였던 반원 아치는 가장 단순한 형태로 미학적으로 아름다우나 구조적으로 정상 부분이 약해 상부의 하중을 지탱하는데 문제가 있었다. 호형 아치는 고딕양식의 완숙기인 13세기 프랑스 북부지방의 성당 건축에 많이 사용되었고, 말발굽형 아치는 무어 양식에 활용되었다. 첨두형 아치는 고딕양식의 대표적 형태로 이용되었으며, 아랍권에서도 사용되었다. 첨두삽엽형 아치도 고딕양식에서 활용되었는데 주로 반지름이 다른 원을 사용하여, 창문의 장식형 격자에 쓰였다. 원의 중심이 2개인 S자형으로 만들어지는 오지 아치ogee arch는 고딕 후기와 이슬람 건축에서 주로 사용되었다. 이와 같이 기하학적인 아치의 형태는 각 시대별 예술 및 건축양식과 긴밀한 관계를 맺으며 사용되어왔다.

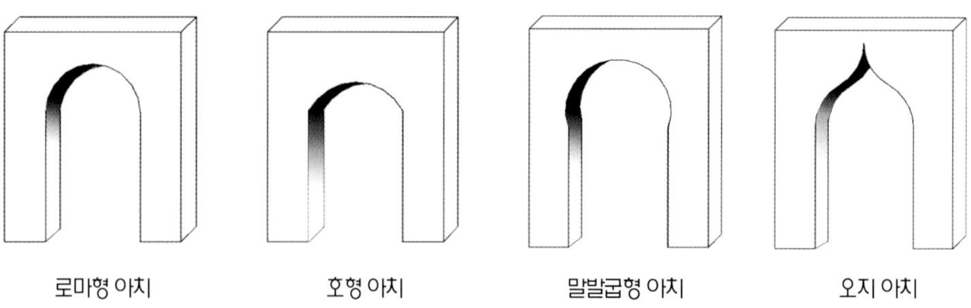

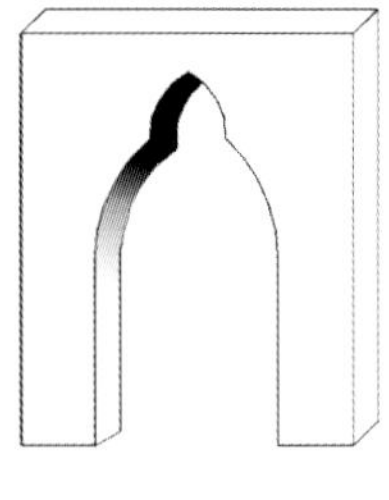

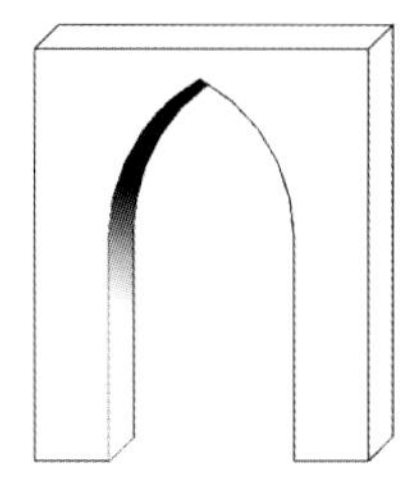

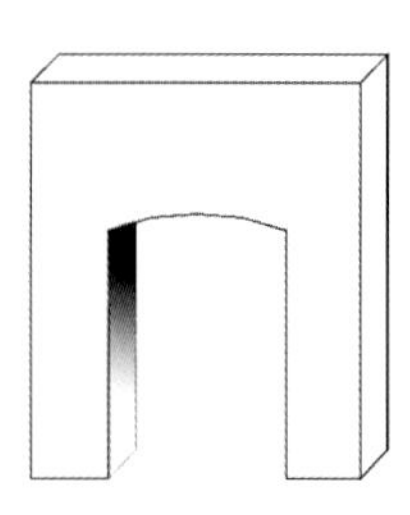

아치의 기하학적 형태. 다양한 아치 형태는 오랜 기간에 걸쳐 여러 예술 및 건축양식과 긴밀한 관계를 맺으며 사용되어 왔다

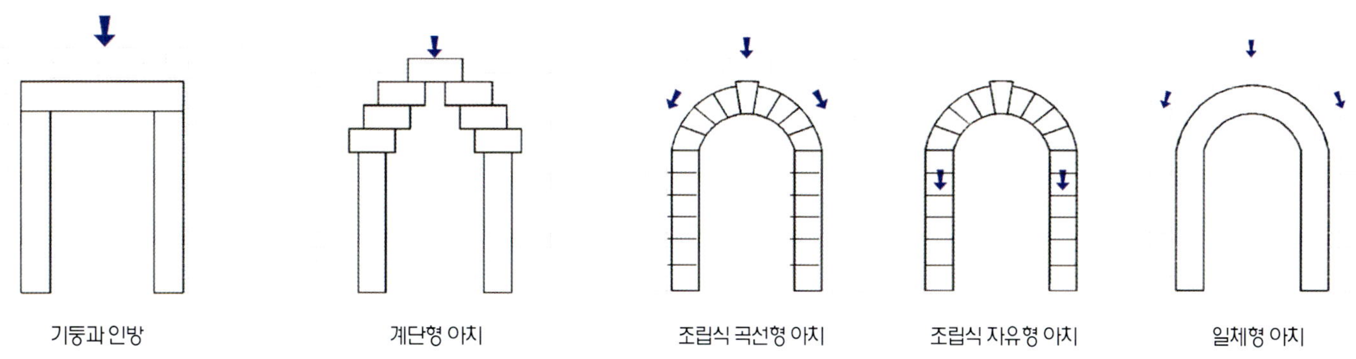

아치의 구조적 유형. 아치는 구조 및 형태적 특성에 따라 계단형 아치, 조립형 아치, 일체형 아치, 자유형 아치로 구분할 수 있다

아치의 구조와 재료

공간을 감싸기 위해 중력을 이용하는 가장 간단하고 직접적인 방법은 기둥과 인방을 사용하는 구조이지만, 구조역학적 측면에서 보면 아치만큼 세련된 형태도 흔치 않다. 아치는 외력이 부재에 축방향 압축력으로 작용하여 지점까지 전달되도록 고안된 구조로서 직선 형태의 보나 트러스에 비하여 휨모멘트가 크게 감소하게 된다. 이러한 특성으로 인해 아치의 부재는 압축력에 저항하기 때문에 석재처럼 휨에는 약하지만 압축응력이 높은 재료를 효과적으로 사용할 수 있었다. 석재를 제외하고는 별다른 구조용 재료를 찾을 수 없었던 산업혁명 이전까지 아치가 구조물의 주요한 형태로 사용된 이유이다. 또 이런 구조역학적 특성으로 인해 아치는 다른 형태의 구조물에 비해 유리한 단면을 만들기가 용이하며, 조형적 가치가 매우 높은 구조물로 평가 받고 있다.

아치는 구조 및 형태적 특성에 따라 계단형 아치, 조립형 아치, 일체형 아치, 자유형 아치로 구분할 수 있다. 계단형 아치는 평평한 돌을 단을 주어가면서 수평으로 층지어 쌓아 만든 아치인데, 현대에는 사용되지 않고 있다. 가장 보편적으로 사용되고 있는 조립형 아지는 구조에 따라 조립식 곡선형, 조립식 자유형으로 세분할 수 있는데 역학적 계산과 구성방식에 있어 다소간의 차이가 있다.

가장 고전적이면서 보편적 아치인 조립식 곡선형 아치는 주로 석재나 블록을 이용하여 아치를 만드는데, 목재나 강재로 만든 홍예틀centering을 세운 후 하부로부터 상부로 부재를 쌓아가면서 마지막으로 중앙상부에 홍예keystone를 설치하여 완성된다. 결국 하나의 아치는 홍예에 서로 기대고 있는 두 개의 반아치로 구성이 되며, 상부 하중은 아치

선암사 승선교 재보수 작업을 위해 설치된 강재틀. 가장 고전적이면서 보편적 아치인 조립식 곡선형 아치는 주로 석재나 블록을 이용하여 아치를 만드는데, 목재나 강재로 만든 홍예틀을 세운 후 하부로부터 상부로 부재를 쌓아가면서 마지막으로 중앙상부에 키스톤을 설치하여 완성된다

의 곡선을 따라 전달된다. 이때 아치의 지점에서는 상부의 압축력에 의한 수직반력뿐만 아니라 수평으로 내미는 힘인 추력推力에 의해 수평반력이 발생하므로 이를 지탱할 수 있도록 받침대abutment와 버팀대buttress가 만들어져야 붕괴를 방지할 수 있다. 이와 같이 조립형 아치에 발생하는 수평반력으로 인한 구조적 문제점을 줄이기 위해, 첨두형 아치는 지점에서 발생하는 추력에 의한 수평반력을 없애기 위해 상부를 첨두형으로 만들었다.

구조상 스펜드럴을 갖지 않는 조립식 자유형은 조립식 곡선형과 마찬가지로 홍예틀을 만들고 여기에 석재나 블록을 이용하여 만드는데, 아치를 둘러싸며 축석된 스펜드럴이 없어 아치의 변형이나 배불림 현상을 방지할 수 없고, 심지어 부재가 이탈하여 아치가 붕괴될 수도 있다. 그러나 아치의 내부와 외부의 형태적 특성이 그대로 드러나기 때문에 외부공간에서의 조형적 가치는 매우 높다.

한편, 대부분 콘크리트로 만들어지는 일체형의 경우 조립형과 마찬가지로 홍예틀을 만들고 콘크리트를 타설한 후, 충분히 양생한 다음 틀을 해체하여 아치를 만든다. 이밖에 뛰어난 구조적 성능을 갖는 강재를 이용, 정확한 구조계산에 의해 아치의 규모를 더욱 크게 하고 자유로운 형태를 취할 수 있는 자유형 아치가 있다.

스탠포드 대학교 본관의 회랑. 연속된 아치가 스페인 양식의 건물과 조화를 이루고 있다

① 건물

건물에는 아치의 역사를 대변할 정도로 오래 전부터 다양한 아치가 사용되어 왔으며, 그 사례는 무수히 많다. 인간은 아치를 사용하여 회랑을 만들거나 건물지붕의 구조적 문제를 해결하기 위하여 아치를 응용한 형태인 원통형 천장이나 궁륭을 개발하여 사용하였다. 로마네스크, 고딕, 르네상스, 무어 등 사조와 시대, 종교에 따라 아치는 독특한 양식에 의해 구조와 형태가 달라져 왔다. 특히 런던의 웨스트민스터 사원, 블루모스크, 쾰른 대성당, 토카피 궁전, 서울 정동감리교회에서 볼 수 있듯이 형태적 완결성이 높고

런던 웨스트민스터 사원. 형태적 완결성이 높고 장식이 아름다운 종교 건물에서 아치의 사용이 두드러졌다

장식이 아름다운 종교건물에서 아치의 사용이 두드러졌다. 근대에는 구조용 강재와 같은 성능이 뛰어난 새로운 소재가 개발됨에 따라 아치에 적용할 수 있는 공법 또한 다양해지고 있으며, 아치는 구조공학의 실험대상이 되어 대형 아치구조물이 등장하거나 새로운 형태의 아치가 만들어졌다. 사리넨Erro Saarinen에 의해 만들어진 미국 M.I.T. 대학에 있는 크레스지 강당Kresge Auditorium은 조개의 곡선형태를 모티브로 하여 폭을 크게 넓힌 아치를 도입하여 만든 것으로, 구조미학적으로 새로운 시도를 한 점이 눈에 띈다. 이밖에도 아치를 이용한 건축적 시도는 구조와 형태의 새로운 관계 모색을 위해 지속되고 있으며, 여기에는 구조 공학적 관점과 미학적 관점의 대립과 조화가 되풀이 되고 있다. 드문 사례이긴 하지만 라스베가스에 있는 교회 건물에서와 같이 아치가 하늘로 오르는 듯한 형태로 작지만 생동감을 느낄 수 있도록 한 것에서 구조적이면서 미적으로 뛰어난 것을 알 수 있다. 그러나 최근에는 일본 나가사끼 원폭자료관의 입구에서 볼 수 있듯이, 구조적 형태가 아닌 미학적 측면에서 아치를 도입하는 사례가 늘고 있다.

블루모스크

1. 쾰른 대성당의 창문
2. 토카피 궁전
3. 정동감리교회의 문

1 2 3

1. **나가사끼 원폭자료관.** 최근 들어 미학적 관점에서 아치를 도입하는 사례가 늘고 있다

2. **라스베가스 교회.** 아치가 하늘로 오르는 듯한 느낌을 주어 작지만 생동감을 느낄 수 있다

3. **M.I.T. 대학의 크레스지 강당.** 조개의 곡선형태를 모티브로 하여 폭을 크게 넓힌 아치를 이용하여, 구조미학적으로 새로운 시도를 한 점이 눈에 띈다

② 교량

교량은 건물만큼 아치의 역사에 있어 중요한 대상이었다. 아치의 구조적 장점으로 인하여 산업혁명 이전까지 대부분의 교량은 아치교로 만들어졌으며, 지금도 아치는 교량을 만드는데 주요한 구조적 형태로 활용되고 있다. 과거 아치교량의 사례를 보면, 독일 고도인 뉘렌베르크Nurnberg에 흐르는 소하천인 페그니츠Pegnitz에는 그 위를 가로 질러 놓여있는 아치형 다리가 연이어 만들어져 있어 그 역사와 아름다움을 잘 보여주고 있다. 우리나라와 중국에서도 아치는 석교石橋를 만드는데 있어서 중요한 형태로 도입되었는데, 선암사의 승선교나 벌교의 홍교다리 등은 전통적인 아치교의 아름다움을 잘 보여주는 사례이다.

한편, 일본 가고시마의 중심을 지나고 있는 갑돌천甲突川에는 옥강교玉江橋, 신상교新上橋, 서전교西田橋, 고려교高麗橋, 무지교武之橋 등 5개의 큰 아치형 석교가 놓여 있었는데, 이 다리들은 강호시대 말기 정비사업의 일환으로 만들어졌다. 중국에서 전래되어온 다리기술과 전통적인 석축기술이 융합되어 독자적인 기술로 만든 다리로서 150년간 일본의 대표적인 다리로서 인식되어왔다. 갑돌천의 5석교로 불리며 시민들이 친근하게 여겼던 이 다리들은 1993년 8월 집중호우에 의한 홍수로 시가지

청계천의 아치교. 현대에 와서 다양한 신소재가 개발되고 현수교, 사장교 등 새로운 형식이 등장하고 있지만, 조경분야에서는 구조적 효율성과 조형성이 뛰어난 아치교를 꾸준히 사용하고 있다

뉘렌베르크의 아치교. 소하천인 페그니츠에 연이어 만들어져 있는 아치교는 오랜 역사와 아치교의 아름다움을 잘 보여주고 있다

선암사 승선교. 우리나라에서 아치교는 석교를 만들 때 많이 사용되었는데, 미적으로 우수한 전통 아치교가 곳곳에 남아 있다

가 침수되면서, 아쉽게도 5개의 다리 중 신상교와 무지교가 유실되고 말았다. 그 후 하천 개수가 이루어져 귀중한 문화유산으로서 3개의 석교를 이전복원하고 이곳을 석교기념공원石橋紀念公園으로 조성하여 아치교의 아름다움을 잘 보여주고 있다.

현대에 와서 새로운 소재가 개발되고 구조공학이론의 발전에 힘입어 대형 교량에서는 현수교, 사장교 등 새로운 형식이 등장하고 있으나, 조경분야에서는 구조적 효율성과 조형성으로 인하여 아치교가 꾸준히 사용되고 있다.

1. **보성군 벌교 홍교다리.** 승선교와 함께 전통 아치교의 뛰어남을 보여주는 대표적 사례이다

2. **일본 가고시마 석교.** 석교기념공원에 이전 복원된 갑돌천의 석교 중 하나로, 중국에서 전래되어온 다리기술과 전통적인 석축기술이 융합되어 만들어진 일본의 대표적인 전통 아치교이다

3. **하와이 아치교.** 특히 최근 들어서는 소규모 교량에 아치 형태가 도입되는 경우가 많다

4. **경남 하동 아치교.** 아치의 구조적 장점으로 인하여 산업혁명 이전까지 아치는 대부분의 교량 형식으로 사용되었으며, 지금도 교량을 만드는데 주요한 구조적 형태로 활용되고 있다

1	2
3	4

③ 터널

아치 터널은 자연의 동굴에서도 그 형태적 기원을 찾아 볼 수 있다. 대부분의 터널은 구조적 장점으로 인하여 반원형 아치의 형태를 취하고 있다.

미국 유타주에 있는 자이언 국립공원Zion National Park에는 자연의 붉은색 암반을 캐내어 만든 아치터널이 있는데, 인공적인 재료를 전혀 사용하지 않고 바위를 뚫어 자연과 잘 어우러진 터널의 모습을 보여주고 있다. 이보다 인공적인 사례로 독일 뉘렌베르크에 있는 터널은 구부러져 가면서 고성을 통과하는 아치가 고도古都와 밖을 연결하고 있다. 그런데 구부러져 가면서 변하는 빛의 효과가 마치 새로운 세계로 들어가고 나가는 듯한 환상적 분위기를 연출하고 있다.

한편, 작업을 위해 아치터널을 만들기도 한다. 캘리포니아 데스밸리 국립공원Death Valley National Park에는 지금은 사용하지 않는 많은 폐광산이 있는데, 대부분 아치 형태로 만들어진 이곳의 입구와 통로는 지금까지도 그 형태를 유지하고 있어 1백년 전 당시의 분위기를 느낄 수 있도록 하고 있다. 도자기를 굽거나 점토블록을 만들어 내는 가마도 아치형인데, 이 아치형 가마를 보면 소성 당시의 타오르는 불꽃과 붉게 달아오른 벽돌, 가마의 모습을 연상할 수 있게 해준다.

자이언 국립공원의 아치터널. 인공적인 재료를 전혀 사용하지 않고 자연 그대로의 붉은색 암반을 캐내어 만든 이 아치형 터널은 자연과 잘 어우러져 보인다

1. **아치형 가마.** 도자기를 굽거나 점토블록을 만들어 내는 가마도 아치형인데, 이 아치형 가마는 에너지의 역동적인 모습을 느낄 수 있게 해준다

2. **데스밸리 국립공원의 폐광산.** 대부분 아치 형태로 만들어진 이곳의 입구와 통로는 지금까지도 그 형태를 유지하고 있어 1백 년 전 당시의 분위기를 재현하고 있다

3. **뉘렌베르크의 터널.** 구부러지면서 고성을 통과하는 아치 터널이 고도와 밖을 연결하고 있는데, 구부러지며 변화하는 빛의 효과가 마치 새로운 세계로 들어가고 나가는 듯한 환상적인 분위기를 연출하고 있다

1	3
2	

④ 문

사람들은 일상 생활을 하면서 별다른 주의 없이 문을 넘나든다. 그러나 문은 공간을 넘어가는 실용적 목적만이 아니라 우리를 상상의 영역으로 끌어들이고 기회를 주기도 하며, 미래에 대한 호기심과 도전을 불러일으키며, 고도의 상징적 요소가 되기도 한다.

대부분 건물의 아치가 문이나 창문에서 나타나므로, 여기서는 건물이 아닌 독립된 구조물로서 문에 적용된 아치 형태를 살펴보고자 한다.

고대 로마 공화정共和政시대에는 전쟁에서 승리한 장군이 로마시내에서 행하는 개선 기념식의 일환으로 기념물을 만들 때 독립된 아치문을 만들기도 하였다. 이와같은 의미로 만들어진 것이 파리의 개선문이다. 1806년에 나폴레옹의 제안으로 착공하여 1836년 완성된 개선문이 세계 최대의 문이다. 개선문은 로마의 전통처럼 싸움에서 승리한 장군과 군대가 개선하던 문으로 나폴레옹의 명령으로 세워졌다. 높이는 49.54m, 폭 44.82m이며, 문의 벽면은 나폴레옹 군대의 승전도가 부조로 새겨져 있고 내부에는 고문서들이 보관된 박물관이 있다. 여기에 있는 아치를 통하여 전방으로 샹젤리제 거리가 펼쳐진다.

또한 런던의 버킹검궁 앞의 더몰The Mall의 끝에 만들어져 있는 어드미럴티 아치Admiralty Arch는 차량이 통행하는 3개의 큰 아치와 양쪽으로 보행자들이 통과하는 2개의 아치로 구성되어 있는데, 각

파리 개선문. 나폴레옹의 명령으로 세워진 개선문은 세계 최대 규모로, 문의 벽면에는 나폴레옹 군대의 승전도가 부조로 새겨져 있고, 내부에는 고문서들이 보관되어 있는 박물관이 있다

어드미럴티 아치(좌)
웰링턴 아치(우)

아치마다 이오니아식 기둥과 조화를 이루며 서 있다. 반대편 컨스티튜션 힐Constitution Hill 끝단인 그린파크Green Park 입구에 세워져 있는 웰링턴 아치Wellington Arch는 마찬가지로 아치 문과 기둥이 조화를 이루고 있고 상부에는 조각상이 세워져 있다.

우리에게도 아치형의 문은 서울에 있는 남대문이나 동대문 그리고 궁궐의 문에서 찾아볼 수 있다. 동대문은 과거에는 도성 안과 밖을 연결하는 통행로였지만 지금은 차도에 의해 둘러쳐져 있어 마치 섬처럼 고립되어 있다. 조선시대에는 동대문에 인접하여 만들어진 서울의 성곽이 청계천과 만나는 곳에 오간수문五間水門이 있었는데, 1907년 청계천 하수의 원활한 소통을 위하여 수문을 허물었다. 최근 청계천 복원사업과정에서 교통사정상 복원이 불가능하여 인근에 유사한 형태의 5개의 아치를 만들어 장소의 의미를 표현하고 있다.

이러한 문과 달리 메모리얼의 문은 대부분 상징적 의미를 가지고 있다. 미국 로스앤젤레스 교외에 있는 공원묘지에는 공간을 구획하면서 아치형 문을 사용하여, 죽음의 의식과 추모 공간임을 형태적 요소를 통해 표현하였다. 한편, 과거 서대문 형무소였던 서대문 독립공원에는 유관순 열사를 비롯한 많은 독립운동가의 자취를 느낄 수 있는 공간이 마련되어 있는데, 외진 어두운 곳에 있는 사형장으로 향하는 아치문은 마치 생과 사의 갈림길인 양 어둡고 무거운 의미를 전해주고 있다.

청계천 오간수문. 동대문 인근에 있던 오간수문을 교통사정상 원래의 위치에 복원하는 것이 불가능하여, 인근에 유사한 형태로 만들어 장소의 의미를 표현했다(위)

동대문. 여러 궁궐의 문에서 아치형 문을 확인할 수 있다(아래)

로스앤젤레스 근교의 묘지. 공간을 구획하면서 아치형 문을 사용하였는데, 이 문은 상징적 의미로 도입된 것이다(좌)
서대문 독립공원. 과거 서대문 형무소였던 서대문 독립공원의 아치 문에는 역사적 사연이 담겨 있다(우)

⑤ 묘비

중산층이 사회적으로 크게 늘어나면서부터 무덤 앞에 묘비가 세워지기 시작하였다. 이전까지 묘비와 무덤 주변의 석물은 주로 상류층의 전유물이었다. 묘비의 형태는 바닥에 까는 간단한 표석, 십자가, 직육면체 묘비, 아치형 묘비가 다양하게 사용되어 왔다.

대부분의 아치가 문, 다리, 창문과 같이 비워진 아치라고 한다면, 묘비는 아치 스스로 조형의 실체가 된다는 점에서 채워진 아치라고 볼 수 있다. 묘비의 아치와 문의 아치는 상징적으로 긴밀한 관계를 맺고 있는데, 그 이유는 죽음의 상징적 매체로서 자주 사용되는 문이 아치의 형태를 취하고 있는 것처럼 또 다른 상징요소인 묘비도 문의 아치를 모티브로 하여 그 형태를 역상으로 만든 것이기 때문이다. 이러한 묘비에는 고딕양식의 첨두형 아치나 반원형 아치형태가 자주 사용되고 있는데 묘비에 있어서 수직면은 기둥을 나타내고 아치의 상부는 하늘을 의미하는데 형태가 단순하고 제작이 용이하기에 많이 사용되었다. 이러한 형태는 이제는 우리나라에서도 보편적인 묘비의 형태로 사용되고 있다.

외국인 묘지의 첨두형 묘비. 문과 다리, 창문을 비워진 아치라고 한다면, 묘비는 아치 스스로 조형의 실체가 된다는 점에서 채워진 아치라고 할 수 있다(좌)

외국인 묘지의 반원형 묘비. 묘비의 아치는 문의 아치와 함께 죽음의 상징적 매체로 사용된다(우)

⑥ 환경조형물

환경조형물로서 아치의 사용은 그리 오래되지 않았다. 아마도 환경조각의 등장과 함께 시작되었다고 보는 것이 타당할 것이다. 환경조각에 사용되는 아치는 여러 가지 경우가 있으나 대표적으로 에로 사리넨Eero Saarinen의 '더 게이트웨이 아치The Gateway Arch'와 앤디 골드워디Andy Goldworthy와 데이비드 크레이그David Craig의 '아치Arch'를 예로 들 수 있다. 사리넨은 19세기 미국의 서부개척을 상징하는 아크arc를 세인트루이스에 설치하였는데, 높이 192m의 이 거대한 기념물에 승리의 기쁨을 담았다. 이 기념물은 아치 자체에서 탄력성이 느껴지기도 한다.

한편, 자연재료를 이용하여 외부공간에 창의적으로 예술작품을 만들어온 영국의 예술가 골드워디는 스코틀랜드의 채석장에서 얻은 붉은색 사암을 이용하여 조립해체가 용이한 아치를 만들었다. 그는 오래전 영국에서 양떼를 시장에 팔기 위해 지나갔던 루트를 따라 이 아치를 설치하는 프로젝트를 진행했다. 남쪽으로 내려가면서 루트상에 있었던 돌 울타리 양목장에 아치를 설치하고 사진을 찍고 분해하는 과정을 되풀이하는 여행을 하였으며, 아치를 이용한 이 작업을 통해 그는 지리적이고 문화인류학적인 정체성을 표현하고자 했다.

더 게이트웨이 아치(출처: Laura Brooks (1997), *Monuments*, New York: Todtri Production Limited, p.30). 사리넨이 설치한 높이 192m의 이 기념물은 19세기 미국의 서부 개척을 상징한다

골드워디의 아치(출처: Andy Goldworthy and David Craig(1999), *Arch*, New York: Harry N. Abrams, Inc., p.1(at Quarry), 11(at Dumfriesshire), 14(at Longtown), 20(at Carlisle Civic Center), 52(by the M6 between shap and Tebary)). 골드워디는 스코틀랜드의 채석장에서 얻은 붉은색 사암을 이용하여 조립해체가 용이한 아치를 만들었으며, 오래전 영국에서 양떼를 시장에 내다팔기 위해 지나갔던 루트를 따라 이 아치를 설치하는 프로젝트를 진행했다

미국 세크라멘토 올드세크라멘토 입구의 아치. 아치는 조경공간 내에서 구조물이나 아치 형태를 모티브로 한 문과 장식벽의 형태 등으로 사용되고 있다(위)

미국 라스베가스 가로변 아치형 통로(아래)

⑦ 조경

아치는 전통적인 정원이나 현대적 공원에서 구조물이나 아치형태를 모티브로 한 문과 장식벽의 형태로 사용되었으며, 식물을 이용한 아치터널이 정원에 만들어지기도 하였다.

근래에 설치된 아치 가운데에는 미국 세크라멘토의 옛모습을 재현한 올드세크라멘토 입구에 설치된 금속재 게이트, 라스베가스 가로변 통로에 설치된 아치, 오사카의 오하마 공원에 설치된 적벽돌 아치벽, 도쿄 디즈니랜드 입구의 아치, 요코하마 야마시다 공원의 콘크리트 아치, 합정동 가로공원의 벽돌 아치벽 등이 조경공간에서 아치의 아름다움을 잘 보여주는 사례라 할 수 있다. 특히 독일 하노버 헤렌하우젠 궁원의 라 그로테La Grotte에는 니키드 상팔Nikide Saint Phalle이 유리, 타일, 자갈을 이용하여 벽과 기둥, 그리고 아치를 꾸몄는데, 아치의 형태와 사용재료의 물성이 아름다운 조화를 이루고 있다.

이와 같이 아치는 오랜 시간에 걸쳐 건물, 교량, 문 등에 사용되었고, 현대에 들어와서 조형물로서 또는 조경요소로서 중요성이 높아지고 있다. 앞으로도 아치만의 구조적 특성과 조형성은 많은 예술가 및 조경가들을 아치의 세계로 끌어들이는 강한 흡인력을 가지게 될 것이다. 그동안 국내 조경분야에서 아치의 사용은 매우 제한적이었지만 아름다운 외부공간을 조성하기 위해서 아치의 도입이 필수적이라 하겠다.

합정동 도시가로공원의 아치벽(좌)
도쿄 디즈니랜드 입구의 아치(우)

오사카 오하마 공원의 적벽돌 아치벽(위)
야마시다 공원의 콘크리트 아치(아래)

헤렌하우젠 궁원. 모자이크 타일을 이용하여 아치를 만들었는데 예술작품의 중요한 매체로서 아치가 사용된 예이다

Landscape Architecture **Detail**

5_ Wall

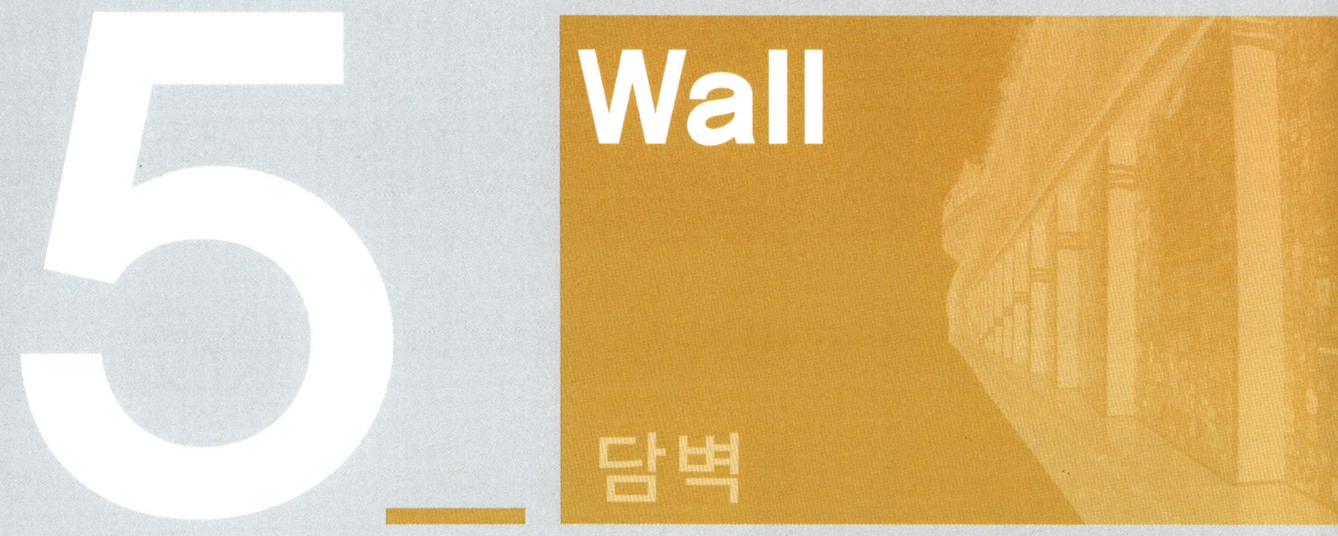

담벽

벽의 기원 / 전통 담과 벽 / 담과 벽의 재료 / 벽과 장식 / 벽의 상징성 / 무대와 배경으로서의 담과 벽 / 조경에서 담과 벽의 이용

05 Wall 담벽

담과 벽은 공간을 구획하는 수직적이면서 동시에 면적인 요소이므로, 외부공간에서 시각적으로 두드러지게 된다. 담(牆:장)은 집터 등의 경계선에 설치되는 연속된 벽으로 틈새가 적고 출입을 막기 위한 목적으로 설치되며, 울 · 울타리 · 담장이라고도 한다. 외부에서 침투하는 바람 및 소리와 타인의 시선을 차단하고, 경계를 표시하며, 공간감을 형성할 수 있도록 해 준다. 외형적으로 건물이나 주변 환경과 조화를 이루고 내구성을 갖도록 해야 한다. 반면 벽(壁)은 건물 내부와 외부를 구분하고 건물 내부공간을 사용목적에 따라 분할하기 위해 이용하는 고정된 칸막이의 총칭으로 건물 주위의 것을 바깥벽, 건물 내부의 것을 칸막이벽이라 한다.

이와 같이 담은 외부공간에서 경계를 구분하고 성격이 다른 공간을 나누는 역할을 하는 반면, 벽은 건물의 구성요소인 동시에 구조요소로서의 성격이 강하다는 점에서 다소 차이가 있다. 그러나 영어에서 벽을 의미하는 'wall'이 성벽을 의미하는 라틴어인 'vollum'으로부터 기원하였으며, 사람의 생명과 재산을 지키기 위하여 집과 도시의 경계에 만들어지는 구조물로 설명되고 있어, 담의 의미를 일부 포함하여 혼용되고 있다. 게다가 현대에 들어오면서 벽은 단순히 건물의 벽으로서의 기능요소 만이 아니라 공간적 요소로서 상징성을 내포하는 경우가 많아지고 있으며, 담도 울타리나 휀스처럼 작고 짜여진 의미보다는 외부공간에서 구조적 속성을 갖는 요소로서 사용이 늘어나고 있다. 그러므로 여기서는 담과 벽을 구분하지 않고 외부공간의 수직적이며 면적인 요소를 모두 언급하고자 한다.

브라이스 캐니언 국립공원의 절벽

벽의 기원

자연에서 우리는 많은 절벽을 만나게 된다. 요세미티의 절벽, 브라이스 캐니언의 절벽, 그랜드 캐니언의 절벽은 엄청난 규모와 고유의

요세미티 국립공원의 엘캡틴. 우리가 자연에서 만나게 되는 많은 절벽들은 고유의 형태적 아름다움을 갖고 있다

형태적 아름다움을 갖고 있다. 원시시대에 인간은 이러한 자연의 절벽에 순응하고 살아야 했을 것이다. 그러나 인간이 만든 벽에도 상상을 초월하는 거대한 규모의 구조물이 있다. 대표적으로 중국 본토 북쪽에 축조된 방어용 성벽인 만리장성萬里長城은 현재 그 길이가 지도상 약 2,700km이지만 중복된 부분을 합치면 그 2배 가까이 된다. 이 밖에도 미국 네바다주와 애리조나주 경계에 있는 다목적댐인 후버댐은 높이 221m, 길이 379m, 총저수량 336억톤의 엄청난 규모이다. 1931년 착공하여 1936년 완공한 콘크리트 아치형 중력식 댐으로 콜로라도강 하류지역의 홍수방지 및 농업관개용수 공급과 주변 도시의 전력 · 생활용수 확보를 위해 건설되었으며, 시공 당시 블록모양으로 댐을 분할하여 시공하는 등 획기적인 기술을 개발하여 댐 건설에 있어 훌륭한 사례로 꼽히고 있다.

후버댐. 시공 당시 블록모양으로 댐을 분할하여 시공하는 등 획기적인 기술을 개발하여 댐 건설에 있어 모범적인 공법을 확립하였다

이스탄불의 테오도시안 벽. 토지에 대한 소유 개념이 등장하면서 집의 경계에 담을 치고, 더 나아가 공동체를 위한 울타리가 생겨나기 시작했다(좌)

독일 뉘렌베르크의 성벽. 전제주의가 끝나면서 성벽은 그 본래의 기능을 상실하고, 상징적이고 역사적인 유물로서 인식되고 있다(우)

이러한 큰 규모의 벽과 달리 인간이 정착하기 시작하면서 만든 집의 벽은 작고 허름하며, 휴먼스케일에 가까스로 충족하는 수준이었다. 그러다가 토지에 대한 소유 개념이 등장하면서 집의 경계에 담을 치고, 더 나아가 공동사회가 형성되고 공동체를 위한 울타리를 만들기 시작하였다. 이 안에서 사람들은 땅을 경작하고, 상거래를 하며, 전쟁을 치르면서 그들을 보호해줄 수 있는 튼튼한 벽을 필요로 하였다. 당연히 통치자들은 자신이 사는 궁이나 영토를 명확하게 표시하고 외부의 침입으로부터 방어를 하기 위해 도시 둘레에 성벽을 쌓았다. 더 나아가 그들은 자신의 권위와 국력을 과시하고 시민을 감시하며, 세금을 부과하는 등 사회경제적 활동을 제어하기 위한 수단으로 벽을 사용하였다. 이렇게 만들어진 크고 작은 벽들은 규모에 관계없이 벽이 만들어진 시대의 양식과 지역성을 대변하는 중요한 유적으로 여겨지고 있다.

잠실대교 방음벽. 오늘날 벽에 대한 인식은 무척이나 다종 다양해졌고, 소리를 차단하기 위한 방음벽 뿐만 아니라 식생벽, 수벽 등 다양한 용도로 활용되고 있으며, 예술적 표현매체로서 쓰이기도 한다

유럽에서는 동양보다 빠르게 전제주의가 끝나면서 성벽은 점차적으로 기능을 상실하고 아무런 가치를 갖지 못하게 되었다. 루이 14세는 1636년 파리의 성벽을 산책길로 바꾸는 계획을 승인하였으며, 이것을 요새를 의미하는 '불바드boulevard' 라고 불렀다. 이와 같이 성벽들은 도시의 발전에 따라 공원이나 산책로로 바뀌거나 일부에서는 도로 및 주거지로 바뀌기 시작했다. 신대륙이었던 미국에서도 1653년 뉴 암스테르담에 이주한 네덜란드인들이 그들에게 맨해튼을 팔았던 인디언의 공격을 막기 위해 목재 벽을 만들었으며, 이후 1664년 영국에게 항복하면서 벽이 설치되었던 곳이 도로로 바뀌고 지금의 월스트리트Wall street가 되었다. 이제 옛 성벽은 그 기능을 상실하고 역사적 가치나 장소적 의미로 인해 사람들에게 상징적인 유물로서 인식되고 있다.

오늘날 벽은 땅을 가르고 둘러지는 길고 좁은 수직적 구조물로서 구조체로서 뿐만 아니라 소리를 차단하기 위한 방음벽, 나무가 자라는 식생벽, 물이 흐르는 수벽, 무대인 동시에 예술적 표현매체로서 인식이 다변화되었다. 이제 예술가들은 벽의 조형성을 이용하여 조각을 하거나 그림을 그리기 위한 캔버스로 활용하기도 하며 담과 벽은 거리의 아트 갤러리가 되고 있다.

몽촌토성의 목책. 전쟁을 위해 사용되었던 과거 목책의 모습을 엿볼 수 있다(좌)

낙안읍성의 성벽. 적의 공격으로부터 마을을 보호하고 전투를 위해 사용되었던 성벽 역시 중요한 전통적 문화요소이다(우)

전통 담과 벽

담의 기원은 불분명하지만, 우리 주변에서는 어렵지 않게 생울生垣, 목책木柵, 판장板墻, 돌담(석장:石墻), 토담(토장:土墻), 벽돌담, 영롱담玲瓏墻, 화문장花文墻, 성벽城壁 등 다양한 옛 담의 흔적을 찾아볼 수 있다. 생울은 오래전부터 농촌 또는 산간지방의 주택에 널리 이용되었던 생나무 울타리로 탱자나무 · 가시나무 · 개나리 · 찔레나무 · 대나무 등으로 주택의 경계를 친 것인데, 가장 토속적이며 원시적인 담이라고 볼 수 있다. 목책 역시 만들기 편하여 널리 사용되었다. 주택의 목책보다 규모가 크지만 올림픽공원의 몽촌토성 하부에 만들어진 목책은 전쟁을 위해 사용되었던 목책의 모습을 잘 보여주고 있다. 진흙에 지푸라기와 석회를 섞고 틈새에 잔돌을 넣어 쌓은 토담이나 돌을 있는 그대로 쌓아 올린 돌담 역시, 우리의 풍토를 잘 드러내는 담으로 농 · 어촌주택에서 많

1. **제주도 돌 담.** 지리적 특성으로 바람이 많이 부는 제주도에는, 강한 바람에도 끄덕 없는 구멍이 숭숭 뚫린 현무암 돌담이 곳곳에 세워져 있다

2. **경복궁 자경전 화문담.** 꽃이나 사슴, 학 등 상서로운 동물을 장식무늬로 이용하여 만든 화문담은 우리 전통문양의 화려함과 담의 아름다움을 잘 보여주고 있다

3. **바자울.** 싸리나무나 갈대, 대나무, 수수깡, 소나무 가지 등을 엮어서 울타리를 만든 것을 바자울이라 한다. 이 바자울은 초가와 어우러져 아늑하고 정감어린 느낌을 준다

4. **토석담.** 토석담은 황토나 진흙에 자연석을 혼합하여 쌓은 담이다

1	2
3	4

이 찾아 볼 수 있다. 그러나 반가班家의 주택이나 궁궐에서는 고급스러운 네모반듯한 돌(사고석:四塊石)을 바로 쌓아올리는 담을 만들기도 하였다. 서민주택에서는 돌을 모아 있는 그대로 쌓아 올렸는데, 제주도에서 흔히 볼 수 있는 구멍이 숭숭 뚫린 현무암 담은, 태풍과 같은 강한 바람이 불어도 바람이 빠져 나가도록 하여 담이 무너지지 않는 풍토적 조형의 구조역학적 우수성을 잘 보여주고 있다.

이 밖에도 궁궐에서 제한적으로 사용되었던 담벽에 꽃이나 사슴, 학 등 상서로운 동물을 장식무늬로 이용하여 만든 화문담은 우리 전통문양의 화려함과 담의 아름다움을 잘 보여주고 있다. 주택에 사용된 것은 아니지만 적의 공격으로부터 마을을 보호하고 전투를 위해 사용되었던 성벽 역시 중요한 전통적 문화요소이다. 낙안읍성에 있는 성벽은 14세기 말 순천만을 통해 상륙한 왜구들이 내륙으로 몰려와서 인명을 해치고 재산을 약탈하는 일이 잦아서 이를 막기 위해 쌓은 것이 기원이 되었다. 당초 성벽은 토성이었으나 직후 돌로 개축되었고 둘레는 1,420미터이며, 높이는 대략 4~5미터이다. 성벽의 두께는 아래에서 위로 갈수록 좁아지는데, 아랫부분은 7~8미터로 윗부분 3~4미터의 두 배 정도가 된다. 돌의 모양을 고려하여 쌓았는데 아래에는 큰 돌을 놓고 위로 가면서 작은 돌을 사용하여 높게 쌓아 올린 성벽은 규모가 클 뿐 아니라 구조적 아름다움을 잘 보여주고 있다.

1. **미국 애리조나 인디언의 진흙 집.** 진흙은 담과 벽을 만들 때 사용된 재료 가운데 가장 오래된 것 중의 하나이다

2. **산타 바바라의 어도비 벽돌.** 돌이 많지 않은 사막에서는 벽을 만들기 위해서 진흙이나 어도비 벽돌을 사용하였는데, 어도비는 경제적이고 관리가 용이하며 단열 기능이 우수하다

3. **2002년 도자기 엑스포에 사용된 황토벽돌.** 어도비 벽돌 이후 강도와 내구성이 보다 강화된 소성 벽돌이 등장했으며, 최근까지도 황토벽돌은 벽을 만드는 재료로 널리 사용되고 있다

4. **아테네의 황토벽**

1	2
3	4

담과 벽의 재료

담과 벽을 만들 때에는 진흙, 나무, 돌, 벽돌, 타일, 콘크리트, 유리, 철 등 다양한 재료를 사용할 수 있다. 토착재료와 전통기술을 이용하여 만든 담과 벽은 토속성을 나타내고, 새로운 재료를 실험적으로 적용한 경우에는 창의성을 표현하는 매체가 되기도 한다.

인류가 담과 벽을 만들 때 가장 오래 전부터 사용해왔던 재료로서 진흙과 벽돌을 들 수 있다. 돌이 많지 않은 사막에서는 벽을 만들기 위해서 진흙이나 어도비adobe 벽돌을 사용하였다. 어도비의 기원은 B.C. 5000년 이전으로 거슬러 올라가는데 균열을 방지하기 위하여 짚 등을 섞어 사용하였다. 덥고 건조한 지역에서 어도비는 경제적이고 관리

구엘공원의 흙벽(사진: 김명희, 장희경, 박귀홍)

하노버 크론스베르크의 목책담. 나무는 미적 아름다움과 부드러움이 뛰어난 재료이다

가 용이하며 좋은 단열재로서 다양하게 활용되었다.

이후 이집트인과 바빌로니아인에 의해 어도비의 단점을 개선하고 보다 높은 강도와 내구성을 갖는 소성벽돌이 처음 사용되기 시작하였으며, 로마시대에는 주요한 건축재로 자리잡게 되었다. 현대에 와서도 황토벽돌이나 진흙은 벽을 만드는 재료로서 널리 사용되고 있다. 가우디Antonio Gaudi y Cornet가 20세기 초에 만든 바르셀로나의 구엘공원Parque Güell에 있는 흙벽은 구운 벽돌을 사용하지 않고 자연 그대로의 진흙을 사용하여 흙내음이 나는 듯하며, 조형적 아름다움을 느낄 수 있도록 쌓아 올려 마치 벽이 조형작품과 같은 모습으로 만들어져 있다.

나무 역시 자연에서 쉽게 얻을 수 있고 시공이 간편하기 때문에 담의 재료로 널리 사용되었다. 비록 내구성과 구조적 문제 때문에 돌이나 콘크리트에 밀려 사용이 줄어들었으나 하노버의 크론스베르크 주거단지의 나무 담에서 볼 수 있는 것처럼 나무는 미적 아름다움과 부드러움이 뛰어난 재료이다.

돌도 인류의 역사와 함께 사용되어온 기념적인 재료이다. 안데스 산맥의 높은 곳에 위치한 마추피추, 일본의 성벽, 앙코르 와트에서는 모르타르를 사용하지 않고도 큰 돌을 쌓아 올려 여러 차례의 지진에도 파괴되지 않는 튼튼한 담과 벽을 만들었다. 현대에서도 돌은 담이나 벽을 만드는 중요한 재료로 지속적으로 사용되고 있다.

1. **일본 황궁내 축석.** 모르타르를 사용하지 않고 큰 돌을 쌓아올려 튼튼한 벽을 만들었다

2. **올림픽 미술관의 석축.** 돌은 담과 벽을 만들 때 꾸준히 사용되고 있는 대표적인 재료이다

3. 개비언

1	2
	3

프랑스 아틀란띠끄 정원의 담. 독특한 담은 그 자체가 미적 감상의 대상이 되기도 한다

하노버 헤렌하우젠 궁원의 타일벽. 파란색 모자이크 타일 벽에 춤추는 듯한 여자의 조각을 부착하여 환상적인 분위기를 연출하고 있다

타일은 벽의 구조재료는 아니지만 표면을 가장 아름답게 표현할 수 있는 재료이다. 벽의 마감재로서 아름답고 정교하게 만들어진 타일을 붙여 만든 벽은 문양, 색, 형태의 조화를 이루어 대부분 예술적 작품으로 만들어지게 된다. 하노버 헤렌하우젠 궁원의 라 그로테에 있는 타일벽은 모자이크 타일벽의 예술성을 잘 드러내고 있다. 파란색 모자이크 타일 벽에 춤추는 듯한 여자의 조각을 부착하여 환상적인 분위기를 연출하고 있다.

정동예술극장의 스톤타일벽. 작고 다양한 색의 스톤타일이 활용되었다

이 밖에도 외부공간에 만들어진 모자이크 타일벽은 많은 곳에서 사례를 찾아볼 수 있는데, 작고 다양한 색의 스톤타일을 이용하여 만든 정동예술극장의 모자이크 스톤타일벽을 비롯해, 여러 타일벽화에서 타일만의 아름다움을 잘 느낄 수 있다.

콘크리트 역시 훌륭한 벽의 재료로 사용되곤 한다. 콘크리트 부조를 만들거나 콘크리트 면을 그대로 노출시켜 목재거푸집의 나무결이 콘크리트 표면에 찍혀 나오도록 한 것 등 다양한 기법이 사용되고 있다.

도쿄 신주꾸의 타일벽. 아름답고 정교하게 만들어진 타일을 붙여 만든 벽은 문양, 색, 형태가 조화를 이루어 대부분 예술적 가치를 지닌다(좌)
와이키키 비즈니스 플라자의 타일벽. 타일은 벽의 구조재료는 아니지만 표면을 가장 아름답게 표현할 수 있는 재료이다(우)

미국 버클리의 콘크리트 부조. 최근 들어서 다양한 방식으로 콘크리트가 사용되고 있다

요코하마 야마시다 공원의 콘크리트 벽

베를린의 유리벽. 벽에 사용되는 재료 가운데 유리는 현대적인 조형 요소로서 세련된 모습을 연출해낸다(좌)

나가사끼 원폭 메모리얼의 유리벽. 여기에 설치된 유리벽은 생명의 깨어짐과 순수함을 나타내고 있다(우)

벽에 사용되는 재료 가운데 최근 두드러지는 것은 바로 유리이다. 베를린 시청사의 유리벽이나 서울 도심의 유리벽 등은 현대적인 조형요소로서의 유리의 세련된 모습을 보여주는 반면, 나가사끼의 원폭자료관 메모리얼의 유리벽은 생명의 깨어짐과 순수함을 잘 나타내고 있다. 이 밖에도 금속 등의 재료가 벽에 이용되고 있는데 다양한 재료의 물성에 대한 시도는 앞으로도 계속 될 것으로 예상된다.

벽과 장식

비워진 면을 채우고자 하는 것은 인간의 보편적인 충동이며, 벽의 장식은 예술적 행위로서 미적 감흥을 불러일으키는 효과적인 방법이다. 벽에 연출되는 장식은 지역과 문화에 따라 독특한 양식으로 나타나며, 동시에 숙련된 장인의 솜씨를 엿볼 수 있는 좋은 기회가 되기도 한다.

가장 효과적이고 많이 사용되는 방법은 패턴의 반복이나 연속을 통하여 장식적 효과를 얻는 것이다. 이러한 사례는 다양하게 나타나는데 전통적인 화문담을 응용하여 현대적으로 재현한 담, 타일을 이용하여 벽에 그림을 그려 장식한 담, 콘크리트 장식벽, 상점의 입구 장식벽 등에는 장식의 아름다움이 잘 나타나 있다. 부조도 장식의 주요한 수단으로 사용되는데 자금성 벽의 용무늬 부조는 벽면에서 볼 수 있는 장식의 효과를 잘 보여주고 있다. 이 밖에 장식을 위해서는 레터링, 핸드프린팅, 경관조명 등의 기법이 사용되기도 하는데, 산호세 과학박물관의 레터링 벽이나 일본 도쿄 신도심의 외부공간 벽 조명도 장식적 효과를 얻기 위한 좋은 방법이다.

재현된 전통담장. 벽을 장식할 때 가장 많이 사용되는 방법은 패턴의 연속이다

서울 광진구 타일벽. 타일을 활용하여 벽화를 그리는 것도 장식의 좋은 방법 중 하나이다

나가사끼 글라바 공원. 색다르게 벽을 장식한 사례이다(위)

시애틀 상점 입구(좌)

자금성 벽의 용무늬 장식. 부조를 사용하여 벽을 장식했다(아래)

산호세 과학박물관. 레터링이나 핸드프린팅도 벽을 장식할 때 활용할 수 있다(위)

도쿄 신도심 벽 조명. 장식적 효과가 돋보인다(우)

벽의 상징성

동서양을 막론하고 오래된 벽은 많은 역사적인 사건의 배경이었기 때문에 사람들에게 상징적인 요소로서 인식되는 경우가 많다. 예를 들어 잉카문명에서는 거인에 관한 전설을 만들기 위해 실제로 필요했던 것보다 큰 돌을 이용하여 벽을 만들었으며, 메소포타미아의 통치자들은 땅과 하늘을 연결하는 지구라트를 만들고 여기에 대규모로 장식벽을 설치하였다.

한편, 통곡의 벽으로 알려져 있는 예루살렘의 서쪽 벽은 헤롯이 만든 11개의 큰 돌이 층지어 쌓여져 있는데, 유대인들에게는 세상에서 가장 거룩하고 신성한 곳이다. 이 벽은 모든 유대인들의 생활에 있어 중심적 역할을 하는 곳으로, 그들은 개인적으로 아픈 것을 치유하려고 하거나 신성한 날과 국가적인 위기가 있을 때 이곳에 모인다.

이러한 벽 중에서도 가장 상징적인 것은 베를린 장벽이다. 1961년 8월 설치된 후 1989년 11월에 무너질 때까지 베를린 장벽은 양 쪽의 독일인을 가두는 벽이었다. 특히 동독 사람들에게는 죽음의 장벽으로 접근할 수 없는 곳이었다. 높이 4.5미터, 길이 155킬로미터의 죽음의 띠를 넘다가 2백명 이상의 무고한 사람이 죽었

올림픽 공원에 전시된 베를린 장벽의 조각(좌)

베를린 장벽. 전 세계에서 가장 상징적인 벽일 것이다(우)

서대문 독립공원의 벽돌 벽. 과거 서대문 형무소였던 이곳의 벽에는 시간의 흔적이 고스란히 담겨 있다

다. 베를린 장벽이 무너진 후, 이 벽은 세계에서 가장 큰 캔버스로 바뀌어 많은 그림이 그려지고, 벽의 잔해 중 일부는 관광객에게 팔리기도 했고 또 다른 조각들은 박물관에 전시되기도 했다. 이제 조금 밖에 남지 않은 벽은 재결합한 베를린에 살고 있는 시민들의 추억 속에 남게 되었다.

벽의 상징성은 시간적 효과에 의해서도 얻을 수 있는데, 시간이 지나감에 따라 색이 탈색되고 그림이 여러 번 덧대어 칠해진 흔적이나 오랜 시간에 걸쳐 흐트러진 벽에서 시간의 역정을 잘 찾아 볼 수 있다. 이러한 벽의 시간성은 보는 사람들로 하여금 상상을 불러일으키는 동시에 벽이 갖는 의미를 더욱 높여주게 된다. 지금은 서대문 독립공원의 입구로 사용되지만 과거 서대문 형무소의 문이었던 벽에는 벽돌에 하얀 페인트가 덧대어 칠해진 흔적이 남아 있어 이곳에서 일어난 시간의 흐름을 잘 보여주고 있다. 또 서울시립미술관 인근 건물의 벽에는 같은 벽에 다른 종류의 타일로 마감이 되어있는데, 비의도적일지라도 통로로 연결되던 부위와 잘려나간 건물 부위를 보여줌으로서 건물의 원형을 은밀히 암시하고 있다.

서울시립미술관의 벽. 같은 벽에 다른 종류의 타일로 마감이 되어 있어, 통로로 연결되던 부위와 잘려나간 부위를 보여줌으로써 건물의 원형을 암시하고 있다

무대와 배경으로서의 담과 벽

담과 벽은 예술 활동의 무대이다. 그 위에는 직접 칠이 칠해지고 타일이 붙여지기도 하며, 그림자가 드리워지기도 한다. 아울러 음각이나 부조가 만들어져 예술작품이 되기도 하며, 예술작품의 배경이 되기도 한다.

① 벽과 건물

벽은 건물의 핵심적인 구성요소로서 구조적으로 내력벽이든 비내력벽이든 시각적으로 노출되는 면은 건축가들에게 미적 표현의 중요한 대상이 된다. 많은 건축가들이 벽의 잠재력을 시험했는데, 프랭크 로이드 라이트Frank Lloyd Wright는 1920년대 초반에 로스앤젤러스에 만든 집에 마야 사원에서 감흥을 얻은 캐스트 콘크리트블록을 이용하여 벽면을 구성하였다. 캘리포니아 디즈니랜드의 쇼핑몰에 있는 상점 벽은 주변과 강렬한 대조를 이루어 경관의 배경이 되고 있다. 또한 미국 후버댐 방문객 센터의 건물 유리벽에는 주변의 바위가 그대로 반사되어, 시각적 효과가 무척 높다. 이 밖에도 밀라노 중앙역사 벽에 만들어진 부조에는 입에서 물이 쏟아져 나와 역동적이면서도 두려운 느낌을 전해주고 있다. 이처럼 건물에 있어 벽은 미적 특성을 결정짓는 주요한 요소이며, 동시에 건축가의 설계개념을 구현하기 위한 도면이기도 하다.

선유도공원의 방문객 안내소 건물 벽면. 때로 벽에는 그림자가 드리워져 그림이 그려지기도 한다

캘리포니아 어드벤쳐 쇼핑몰의 벽. 주변과 강렬한 대조를 이루어 경관의 배경이 되고 있다

밀라노 중앙역사의 부조. 역동적이면서도 두려운 느낌이 든다(좌)

후버댐 방문객 센타. 주변의 풍광이 그대로 반사되어 시각적 효과가 강렬하다(우)

② 벽화

벽화는 인류의 가장 원초적 예술행위인 동굴벽화에서 그 기원을 찾을 수 있지만, 현대의 대표적인 벽화로는 도시환경을 개선하는데 큰 기여를 한 슈퍼그래픽을 꼽을 수 있다. 이러한 벽화는 공공장소를 이용하는 많은 사람들에게 미적 감흥을 불러일으킬 수 있는 효과적인 방법이지만 그 정도가 지나칠 경우, 자칫 시각적 공해를 유발하기도 하여 사회적인 문제가 되기도 한다. 이에 반해 예술성이 높은 슈퍼그래픽은 사람들에게 많은 미적 호기심과 만족감을 주게 된다.

샌프란시스코 건물벽화. 벽화는 자칫 시각적 공해를 유발하기도 하여 사회적인 문제가 되기도 하지만, 예술성이 높은 슈퍼그래픽은 사람들에게 미적 호기심과 만족감을 준다(좌)

동경의 건물벽화. 삭막한 도시 분위기를 한결 부드럽게 해주는 벽화이다(우)

인사동 공사현장의 벽. 공사 전에 장사하던 가게를 모티브로 도입함으로써, 현재의 작업이 파괴가 아니라 과거와 맥락을 같이 하고 있음을 은유적으로 보여주고 있다(좌)

청계천 측벽의 타일벽. 벽은 때로 시민참여를 유도하는 방편으로 활용되기도 한다(우)

샌프란시스코의 건물벽화에는 사람들이 꿈꾸는 이상향의 모습이 표현되어 있고, 일본 동경의 가로변에 있는 조그만 건물 벽에는 자연경관을 배경으로 하여 아이들이 서있는 모습을 그려 놓아 삭막한 도시에 자연스럽고 부드러운 분위기를 연출하고 있다. 임시로 만들어진 것이기는 하지만 인사동 공사현장의 벽에 그려진 그림은 공사 전 그곳에서 장사를 하였던 가게와 주인을 주제로 삼아 현재의 작업이 파괴가 아니라 과거와 맥락을 같이 하고 있음을 은유적으로 보여주고 있다.

최근에는 조경공간에서 타일벽이 많이 만들어지고 있다. 여기서 벽은 단순히 구조공학적인 고찰의 대상이 아니라 시민참여의 중요한 방편이 되고 있다. 최근 복원된 청계천의 측벽에서도 이러한 타일벽이 등장하고 있는데, 시민들이 참여하여 그린 타일을 구워서 벽에 부착함으로써 자긍심과 함께하는 참여정신을 북돋을 수 있어 방문객들은 저마다 그린 타일을 찾느라고 매우 분주하다.

③ 담벽과 예술조각

담은 예술조각의 배경인 동시에 상호 관계를 통해 조각의 조형적 가치를 높이는데 결정적인 영향을 끼친다. 외부공간에서 담은 3차원의 공간을 만들기도 하고, 평면적인 스크린의 역할을 하기도 한다. 또 담의 흐름에 따라 시간의 전개효과를 연출할 수도 있다.

선유도공원에 설치된 크고 작은 흰색 원숭이는 서로 목이 매인 상태로 군상으로 배치되어 있는데, 여기에 회색 담의 모서리가 조화를 이루고 있어 구속받는 현대인들이 점점 더 곤경에 몰리는 듯한 이미지를 연출하고 있다. 또한 스탠포드 대학교에 있는 로댕 조각공원The Rodin Sculpture Garden에는 지옥의 문The gate of hell을 포함한 20개의 조각상이 있는데, 공간을 구획하는 강력한 요소인 벽을 만들어 조각의 배경이 되도록 하였다. 이와 같은 담벽과 조각의 관계는 현대에 들어 더욱 중요성이 부각되고 있으며, 조각정원의 공간구성과 조각과 배경의 조화를 유도하는 기본적인 설계개념이 되고 있다.

원숭이 군상. 조각이 벽과 어우러져 구속받는 현대인들을 표현하고자 한 작가의 메시지를 더욱 강렬하게 표출하고 있다(위)

로댕 조각공원 벽. 조각 작품과 벽의 관계는 더욱 부각되고 있으며, 벽은 조각정원의 기본 설계개념이 되고 있기도 하다(아래)

④ 물과 식물의 이용

모자이크 벽과 마찬가지로 벽을 구성하는 매체로서 물과 식물의 사용은 매우 중요하며, 이 두 가지 요소는 역동성과 생명력을 연출하는데 필수적인 소재라 할 수 있다.

하와이 중심상업지구내 백화점 앞에 만들어진 높은 수벽과 재료의 선명한 색깔은 시각적으로 강한 이미지를 주고 있으며, 더운 기후에 지친 시민들에게 시원스러운 분위기를 선사해주고, 편하게 쉴 수 있는 휴식처를 만드는데 크게 기여하고 있다.

식물 역시 담과 벽을 덮는 주요한 소재이다. 이러한 사례는 이제 일상적으로 만날 수 있을 정도로 많으며, 단순히 덮는 것에 그치지 않고 식물이 성장하는 모습을 섬세하게 잘 느낄 수 있도록 식물과 대비되는 색과 형태로 벽과 담을 만들거나 생태적 효과를 높이기 위한 식생벽이 늘어나고 있다. 자연스러움에 그치는 것이 아니라 식물의 자연스러운 생장의 모습을 미적으로 변환시킨 것이다. 더구나 최근에는 식물포트나 매트를 설치해 만든 인공적인 벽 구조체를 세워서 만든 녹화벽이 도시녹화의 새로운 공법으로 등장하고 있어, 벽을 가리고 장식하기 위해서 식물을 이용하는 것이 아니라 식물을 도입하기 위해 벽을 설치하게된 수준에 이르렀다.

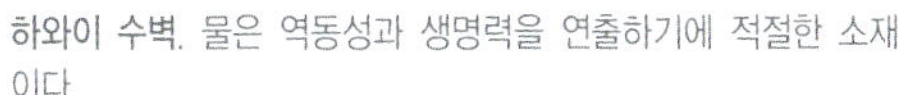

하와이 수벽. 물은 역동성과 생명력을 연출하기에 적절한 소재이다

1. 뉘렌베르크 주택 벽
2. 런던의 녹화벽
3. 헬싱키의 벽
4. 나가사키 수변공원의 벽

1	2
3	4

아테네 의사당의 벽

1. 식물녹화벽 바이오렁biolung. 이제는 벽을 가리기 위해 식물을 도입하는 것이 아니라, 식물을 식재하기 위해 벽을 세우는 단계에 이르렀다
2. 애너하임 고가도로 벽
3. 버클리 주택의 담

조경에서 담과 벽의 이용

조경에서 담과 벽은 건축이나 벽화와 달리 독립적인 조형체로서 서 있는 경우가 많다. 즉 배경보다는 외부공간의 주체로서 설치되므로 담과 벽을 도입하기 위해서는 적극적인 설계의도가 필요하다.

샌프란시스코 여바부에나 공원의 곡선벽은 벽은 직선이라는 보편적 인식을 깨뜨려 시각적 호기심을 유발하고 있다. 한편 라스베가스 주변의 공원에 있는 붉은 사암으로 만든 담은 공간을 가로질러 구획하고 있고 벽에는 벽화를 음각해 놓았는데, 벽의 일부를 비워둠으로써 구성적 측면에서도 아름다움을 보여주고 있다.

1. **붉은 사암벽.** 벽의 일부를 비워둠으로써 구성적 측면에서도 아름다움을 보여주고 있다

2. **곡선벽.** 벽은 직선이라는 보편적 인식을 깨뜨려 시각적 호기심을 유발하고 있다

3. **산호세의 앉음벽.** 사람들의 휴식과 동선유도에 효과적이며, 조형적 효과도 얻을 수 있는 훌륭한 조경요소이다

1. 프랭클린 루스벨트 대통령 메모리얼의 벽. 화강석을 혹두기 마감한 벽에는 뉴딜정책의 사회적 프로그램을 상징적으로 묘사한 1.8m 크기의 청동판넬이 5개 설치되어 있다

2. 선유도 공원의 상부가 거칠게 절단된 콘크리트 벽. 깨진 콘크리트의 재료의 물성이 공간에 담겨 있는 의미를 나타내고 있다

3. 샌프란시스코 여바부에나 공원의 기념벽. 현대 조경 공간에서 기념벽은 창의적이고 예술적인 감흥과 의미를 전달하기 위한 훌륭한 매체가 되고 있다

독립적 요소로서 옥외공간에 최근 들어 많이 사용되고 있는 앉음벽도 사람들의 휴식과 동선 유도에 효과적이며, 조형적 효과도 얻을 수 있는 훌륭한 조경요소이다. 한편 선유도 공원의 무너진 벽은 깨진 콘크리트 재료의 물성을 통하여 장소적 의미와 예술적 가치를 표출하고 있다.

현대 조경에서 기념벽은 창의적이고 예술적인 감흥과 의미를 전달하기 위한 훌륭한 매체가 되고 있다. 샌프란시스코 여바부에나 공원에 있는 마틴 루터 킹 목사의 메모리

납골벽. 로스앤젤레스 근교의 메모리얼에 있는 이 납골벽은 벽이 공간을 구획하는 담이기도 하면서 영혼의 안식처로서 집의 역할도 할 수 있음을 보여준다

얼 벽, 워싱턴 D.C.의 베트남 전쟁 메모리얼, 프랭클린 루스벨트 메모리얼의 벽을 통하여 기념벽의 상징성을 잘 이해할 수 있다. 더욱 직설적으로 공원묘지에 세워진 죽은 사람의 유해를 납골할 수 있는 벽은, 벽이 공간을 구획하는 담이기도 하면서 영혼의 안식처로서 집의 역할도 할 수 있음을 보여준다.

담과 벽은 미적 아름다움뿐만 아니라 다양한 의미를 갖는 상징적 요소로 건축, 예술, 조경 분야에서 무대인 동시에 조형물로 활용되고 있는 중요한 요소이다. 건축분야에서 벽은 건물을 구성하기 위한 필수적인 요소로서 건물의 형식미 및 상징미를 구현하기 위한 객체로서 사용될 수 있으나, 조경분야에서 벽은 선택적으로 적용되면서 공간의 주체적인 요소로 도입된다고 볼 수 있다. 최근 들어 외부공간의 구성요소로서 담과 벽에 대한 관심이 늘어나고 있으며, 향후 더욱 사용이 증가될 것으로 예상되므로 설계매체로서 담과 벽에 대한 관심을 기울여야 할 것이다.

Landscape Architecture **Detail**

6_ Column · Post · Pillar

기둥

자연의 기둥 / 문화체로서의 기둥 / 건물의 기둥 / 기둥의 아름다움 / 기둥의 메타포 / 조경에서 기둥의 적용

06 Column · Post · Pillar
기둥

기둥은 원시시대부터 집과 신전을 짓거나 모뉴먼트로서 사용되었던 수직적 구조요소이다. 비록 기둥의 형태는 단순하지만 그 간결한 형태만으로도 구조적인 요구조건을 충족시킨다. 더불어 시각적으로 두드러져 보이기 때문에 예술가, 건축가, 조경가의 중요한 미적 표현의 대상이 되곤 했다. 그들은 기둥의 형태나 장식에 변화를 주어 다양한 미적 효과를 연출하거나 기둥의 배열과 구성을 통해 사람들의 시선을 집중시키기도 하였다.

수직으로 높게 뻗은 기둥은 사람의 눈을 위아래로 향하게 하고, 연속해서 세워진 열주는 사람의 시각을 수평으로 넓히거나 좁히는 시각적으로 중요한 매력요소이다. 아울러 하늘을 향해 수직으로 곧게 선 기둥은 인간이 하늘로 향하고자 하는 의지를 표현하는 중요한 매체가 되어 오벨리스크와 같은 모뉴먼트로서 사용되기도 하였다.

한글로는 기둥으로 간단히 불리지만, 영어에서는 column(원주), pillar(구조적 버팀대), post(목재 및 금속의 수직부재), pole(가늘고 긴 원형 기둥), shaft(기둥의 몸체), orders(그리스의 기둥양식) 등 형태와 재료, 구조에 따라 다양한 단어가 사용되고 있어 다소 혼란의 여지가 있으나, 여기서는 외부공간에 도입되고 있는 수직적으로 길게 만들어진 요소를 포괄적으로 다루고자 한다.

요세미티 국립공원의 메타세콰이어 고목. 하얀 색을 발하며 죽은 나무가 마치 독특한 기둥처럼 보인다

자연의 기둥

자연은 인간이 기둥을 만들기 위해 영감을 떠올릴 때 많은 교훈을 주었을 것으로 생각된다. 자연 속에 나타나는 기둥의 사례를 몇 가지 들어보자. 나무들이 모여 살아가는 숲은 대표적인 기둥의 집합체이다. 실감이 나지 않는다면 토심이 깊은 곳에 곧게 뻗은 송림이 우거진 숲을 상상해보자. 여기에 한줄기 빛이라도 스며든다면 나무줄기의 실루엣 효과는 더욱 커질 것이다. 캘리포니아 요세미티 국립공원에는 크고 깊은 숲이 많다. 몇 사

람이 함께 껴안아야 할 정도로 큰 메타세콰이어 고목은 하늘 높은 줄 모르고 뻗어나가고 있다. 간혹 만나게 되는 죽은 고목은 수피가 벗겨진 채로 하얀 색을 발하며 서 있는데 사람들은 그 장대함에 다시 놀라게 된다. 자연에는 나무기둥만 있는 것은 아니다. 미국 브라이스 캐니언 국립공원에 가면 어렵지 않게 볼 수 있는 "후두hoodoos"라고 불리는 돌기둥은 4천만 년 전 호수에 퇴적되어 만들어진 사암과 이암의 퇴적층이 융기 후 침식되는 과정에서 만들어진 것이다. 토템폴과 같은 형상을 하고 있는 것이 많으며, 큰 것은 높이가 40m를 넘기도 한다. 이와 달리 계곡 사이로 흐르던 계류가 절벽을 만나게 되면 폭포가 생겨나는데, 위에서 아래로 떨어지는 물이 깨지면서 만들어진 하얀 포말은 자연스러운 물기둥의 아름다움을 잘 보여준다. 더욱 일시적이며 극적인 자연의 기둥으로는 구름 사이로 쏟아지는 빛의 기둥을 들 수 있는데, 상상력이 풍부한 사람에게는 신이 강림하고 기가 소통하는 느낌을 갖도록 땅과 하늘이 연결되는 듯한 신비로운 장관이 연출되기도 한다.

1. **브라이스 캐니언의 후두.** 자연에서 볼 수 있는 대표적인 기둥으로, 인간이 기둥을 만들 때 이런 자연 속의 기둥들이 많은 교훈을 주었을 것이다

2. **미국 오레곤주 멀트노마폭포의 물기둥.** 폭포의 하얀 포말은 자연스러운 기둥의 아름다움을 보여준다

3. **아소산의 빛의 기둥.** 땅과 하늘이 맞닿은 듯한 신비로운 장관이 아닐 수 없다

1 2 3

문화체로서의 기둥

인간에 의해 만들어진 기둥은 문화와 시대에 따라 독특한 양식으로 나타나고 있다. 건축물의 기둥처럼 보편적 요소로서만 문화권별로 현대에 이르기까지 계승 및 발전되는 것이 있는 반면, 스톤헨지, 오벨리스크, 토템폴, 장승, 당간지주와 같은 독특한 요소는 역사적 유물이나 토속적 요소로서 남겨져 있다.

기둥의 형태를 갖는 가장 오래된 기념물로서 스톤헨지stonehenge와 오벨리스크obelisk를 들 수 있다. 영국의 가장 위대한 국가적 아이콘인 스톤헨지는 선사시대에 종교적 용도로 사용되었을 것으로 추정되고 있으나, 일부에서는 천문학적인 관측을 위한 곳이거나 심지어는 원시시대의 실력자를 위한 무덤이라는 설도 있다. 약 5천년 전 이곳에 살던 신석기인들에 의해 만들어진 이 돌기둥 무리는 내환에 사용된 청석Blue stones의 무게가 각각 4톤이고, 외환에 사용된 돌Sarsen stones은 무려 50톤에 달하는 거대한 돌로 만들어졌으며, 위에는 덮개돌이 덮여 있다.

이집트의 오벨리스크 역시 위대한 문명이 남긴 뛰어난 문화유적이다. 이제는 많은 오벨리스크가 이집트로부터 유출되어 로마, 이스탄불, 파리, 런던 등에서도 볼 수 있다. '클

성베드로 광장 앞 오벨리스크. 위대한 문명이 남긴 뛰어난 문화유적인 오벨리스크는, 현대에 들어와서도 인간이 하늘로 향하고자 하는 의지를 표현하는 모뉴먼트로 곧잘 사용되고 있다(좌)

스톤헨지(출처: John Beardsley(1984), *Earthworks and beyond*, New York: Cross River Press, p.6). 영국의 가장 위대한 국가적 아이콘인 스톤헨지는 선사시대에 종교적 용도로 사용되었을 것으로 추정되고 있으나, 일부에서는 천문학적인 관측을 위한 곳이거나 심지어는 원시시대의 실력자를 위한 무덤이라는 설도 있다(우)

레오파트라의 바늘' 이란 별명을 가지고 있는 오벨리스크는 수직으로 서있는 사면체 돌기둥으로 위로 올라갈수록 점점 가늘어진다. 그러다가 꼭대기에 이르러서 작은 피라미드가 얹혀져 있는 형태를 취하고 있는데, 높이는 20~30m이며 무게가 수백 톤에 달한다. 최초의 오벨리스크는 고대 이집트인들이 숭배한 태양신 라La에게 바쳐졌던 것으로 알려져 있으며, 태양신 라의 두 기둥이라는 의미로 항상 두 개를 나란히 세웠다. 현대에 와서도 워싱턴 모뉴먼트와 같이 오벨리스크와 유사한 형태의 기념물은 인간이 하늘로 향하고자 하는 의지를 표현하는 중요한 모뉴먼트로 사용되고 있다.

대규모 기념물과 달리 토템폴totempole이나 장승은 토속성이 강한 수직적 요소이다. 토템폴은 북아메리카 인디언들의 문화적 유산으로 거대한 시더나무에 동물이나 새를 조각한 것으로 가족과 종족의 동질성을 나타내고 상징적인 의미를 표현하기 위해 만들어졌다. 예를 들어 독수리는 독립, 곰은 힘, 비버는 결단력을 의미한다. 일반적으로 나무를 자른 다음 위로부터 아래로 상징물을 조각하여 만드는데 큰 토템상은 20m에 달하는 것도 있으며, 제작기간도 2년에서 3년이나 걸리는 경우도 있다. 대부분 손으로 직접 만드는데 형태가 완성되면 여기에 수액, 진흙, 구리, 석탄, 조개 등으로 색을 칠하며 검정색, 붉은색, 푸른색, 녹색, 흰색이 주로 사용되었다. 우리나라에서도 이와 유사하게 남녀의 쌍으로 장승을 세웠는데 사람의 얼굴이 새겨진 나무나 돌기둥을 마을입구에 세우면 마을을 지켜준다고 믿어 설치한 한국 민간신앙의 상징물이었다. 이러한 장승은 한국 공동체 문화의 표상으로서 인간적이면서 신적인 성격을 부여 받아온 평민성의 상징으로 순박한 토속미를 가진 요소라고 볼 수 있다.

이밖에 종교적 상징으로 사찰에서 흔히 볼 수 있는 당간지주幢竿支柱는 절에서 불교의식을 거행할 때 대형 궤불掛佛을 걸어두거나 불문을 나타내는 문표나 깃발을 세우는 깃대인 당간의 버팀돌이다. 사진에서 볼 수 있는 익산의 미륵사지 당간지주는 크기가 약 4m 정도이며 조형미가 매우 뛰어난 거대한 장대석의 형태로 솟아 있다.

토템폴. 토템폴은 북아메리카 인디언들의 문화적 유산으로 거대한 시더나무에 동물이나 새를 조각한 것으로 가족과 종족의 동질성을 나타내고 상징적인 의미를 표현하기 위해 만들어졌다(위)

익산 미륵사지의 당간지주. 절에서 불교의식을 거행할 때 대형 궤불을 걸어두거나 불문을 나타내는 문표나 깃발을 세우는 깃대인 당간의 버팀돌이다(아래)

건물의 기둥

기둥은 구조의 역사를 통하여 거의 변하지 않는 기능을 하고 있다. 바로 아치arch와 인방(引枋:lintel)으로부터 전해지는 하중을 땅으로 전달해주는 중재자의 역할이 그것이다. 아울러 문화적 요소로서 건물의 양식을 대표하는 요소로서 널리 사용되어왔다. 서양에서 오래전부터 사용되어 온 대표적인 기둥으로는 그리스 사원에 사용되었던 도릭식 기둥Doric order, 이오니아식 기둥Ionic order, 코린트식 기둥Corinthian order을 들 수 있다. 이러한 기둥의 양식은 기둥몸shaft의 단면뿐만 아니라 주두(柱頭:Capital)의 형태에서도 특징적으로 나타나고 있다. 도릭식 기둥은 가장 오래된 것으로 형태가 간단하고 굵어 남성적인 분위기를 주며 파르테논 신전에서 볼 수 있는 것처럼 위로 올라가면서 좁아지고 세로로 골을 두어 상부의 하중이 기둥으로 전달된다. 가우디와 같은 예술가는 도릭식 기둥을 역사적으로 가장 아름다운 형태라고 칭송하였다. 이오니아식은 기둥이 높고 가늘어 여성적이며 주두부에 2개의 소용돌이 모양을 가지고 있다. 한편 코린트식은 기원전 4세기경에 나타난 양식으로 이오니아식과 거의 비슷하지만 주두에 장례의식과 관련하여 많이 사용되었던 아칸더스Acanthus 잎을 조각한 것이 특징이다.

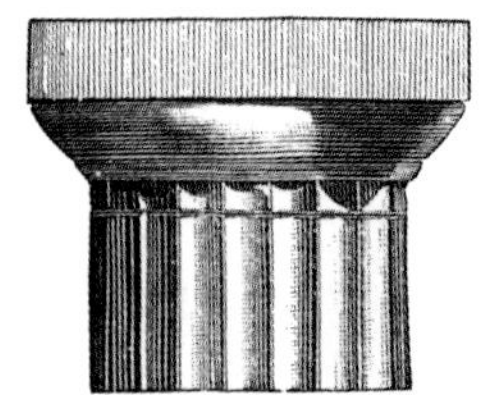

도릭식 기둥

이오니아식 기둥

코린트식 기둥

도릭식 기둥, 이오니아식 기둥, 코린트식 기둥(출처: Laura Brooks(1997), *Monument*, New York: Todtri, p.17)

이와 같이 고전적인 건물 기둥은 시간과 장소에 따라 특성을 가지며 발달해 왔지만, 때로는 군인, 소녀, 부인 등 사람들의 모습을 조각하기 위해 쓰이기도 했고, 연금술사들에게는 정보교환을 위한 매체로 활용되기도 했다. 그래서 전설속의 철학의 창시자로 알려진 헤르메스Hermes Trismegistus는 기둥 위에 그의 아이디어를 적어 놓았으며, 그의 제자인 소크라테스, 모세, 조로아스터 등도 처음에는 헤르메스 기둥을 해석하고 읽음으로서 그들의 지식을 배웠다고 한다.

상징적으로 기독교에서 솔로몬의 나선형 기둥은 기둥 중에서 가장 중요하고 신성한 것으로 간주되고 있다. 누가복음 2장 46절에 나오는 예수께서 강연하는 동안 기대었던 구 베드로 교회Old St. Peter's church안에 있는 사제의 성전은 4개의 나선형 솔로모닉 기둥solomonic order으로 지지되고 있었는데, 그중 하나가 현재 성베드로 성당에 있다. 이러한 나선형 기둥은 바로크 시대에 많이 사용되었는데 베르니니Gianlorenzo Bernini가 설계한 로마 성베드로 대성당의 천개天蓋는 르네상스 시대 발다키노Baldacchino의 유행을 촉진시켰다.

이와 다르게 한국의 전통목조건축에서 사용된 기둥은 단면 모양에 따라 원주(圓柱, 두리기둥)와 각주(角柱, 모기둥)로 나눌 수 있다. 원주는 기둥의 굵기에 따라 기둥뿌리에서 3분의

1쯤 되는 부분까지 굵어지다가 다시 가늘어지는 배흘림기둥, 위로 갈수록 가늘어지는 민흘림기둥, 위아래의 굵기가 같은 원통형 기둥이 있다. 부석사 무량수전의 배흘림기둥에서 볼 수 있는 아름다운 곡선의 흐름은 우리 민족의 예술적 감각을 잘 보여준다. 한편 여수 진남관의 민흘림기둥은 둘레가 2.4m인 68개의 기둥으로 구성되어 매우 웅장하고 고색창연한 아름다움을 엿볼 수 있다.

이러한 목조건축물의 기둥과 달리 경회루의 돌기둥은 또 다른 우리의 기둥양식을 보여주고 있다. 대원군에 의해 19세기 중엽에 재건된 경복궁의 경회루에는 우람한 화강석 돌기둥이 열을 지어 집채를 떠받치고 있다. 이에 대하여 최순우 선생은 "네모의 구성이 보여주는 소직하고 간결한 선의 조화를 조상들은 너무나 잘 알고 있었던 것이다. 이렇게 시원스럽고 엄청난 화강석 네모 기둥의 주열이 또 어디에 있는지 우리는 그 예를 모른다. 만약에 경회루의 이 돌기둥들이 화강석의 은은한 흰빛이 아니었거나 경회루 안 기둥들처럼 주변기둥과 마찬가지로 둥근 기둥이었다면 경회루의 아름다움은 이보다 못할 것이다. 북경 자금성의 누각들처럼 기둥에 잔재주를 부렸더라면 경회루의 아름다움은 서먹서먹한 꼴이 되지 않을 수 없었을 것이다"라고 찬미하고 있다.

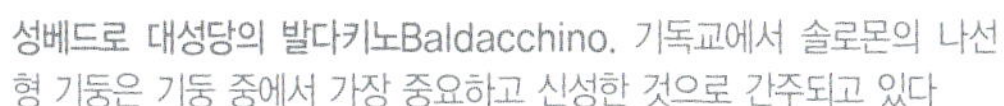

성베드로 대성당의 발다키노Baldacchino. 기독교에서 솔로몬의 나선형 기둥은 기둥 중에서 가장 중요하고 신성한 것으로 간주되고 있다

경회루의 돌기둥. 바깥기둥은 4각기둥이고 안기둥은 둥근기둥이다(좌)
여수 진남관의 민흘림기둥. 웅장하고 고색창연한 아름다움이 배어있다(우)

기둥의 아름다움

이상에서 언급한 것처럼 기둥은 다양한 문화의 특징을 단적으로 나타내는 요소로서 각각의 고유한 형태적인 규범성을 갖고 있으나 현대에 만들어지는 기둥은 예술적 창작과정을 통하여 창의적이고 개성적인 다양한 조형물로 만들어지고 있다. 편의상 기둥의 아름다움을 개체미個體美, 열주列柱의 아름다움, 빛과 기둥의 조화미調和美의 측면에서 언급하고자 한다.

일반적인 기둥은 대부분 개체적으로 조형적 효과를 얻고자 하는 경우가 많다. 예를 들어, 석조기둥 조형물, 유리기둥, 푸른색 사각기둥, 스테인리스 사각기둥, 적벽돌 원형기둥, 유리타일 기둥 등은 개체적인 기둥의 아름다움을 표출하고 있다. 이러한 기둥은 날씬하거나 뚱뚱한 형태일 수도 있으며 더욱 멋을 부린다면 유연한 곡선의 형태를 취할 수도 있다. 오사카 부립대학의 캠퍼스에 만들어진 조형물은 하나의 기둥을 위해 여러 개의 돌이 모여 구성되어 있어 대학 구성원을 하나로 엮고자 하는 뜻이 담겨 있으며, 하부의 돌은 거칠고 점차적으로 위로 가면서 돌 표면이 매끄러워져 학문을 연마하는 캠퍼스의 이미지를 표현하고 있다.

개체적인 기둥이 외부공간에 적용된 사례는 많기 때문에 조경가들이 쉽게 접할 수 있으나 때로는 개체적인 기둥이 독립성이 강하여 주변 공간과 적절한 조화를 이루지 못하는 경우도 적지 않게 눈에 띄고 있다.

오사카 부립대학의 돌조형물(위)
나리따 국제공항 조형물(아래)

서울역 신청사 광장의 사각기둥 조각(좌)
휴스턴 도심의 스테인리스 사각기둥(우)

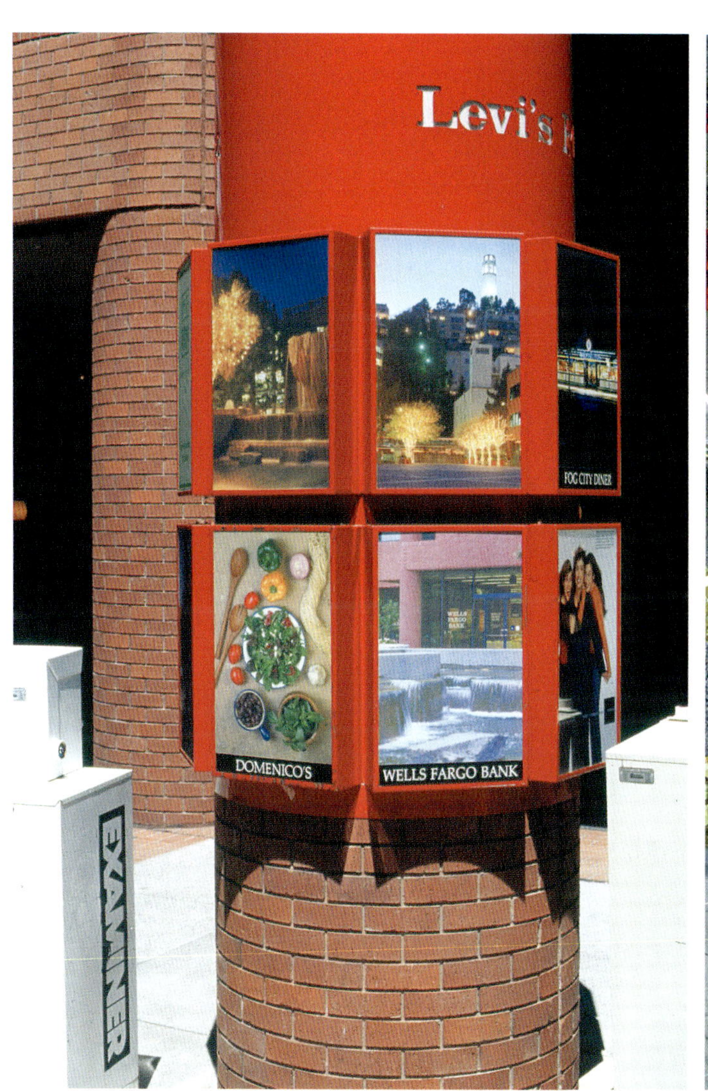

샌프란시스코 리바이스 광장 입구 기둥(좌)
하노버 헤렌하우젠 궁원의 라 그로테(우)

이와 달리 연속해서 배치되거나 집단적으로 세워진 기둥인 열주는 공간 속에서 시각적 지배력이 한 개의 기둥보다 훨씬 크다고 볼 수 있다. 사진에서 볼 수 있는 야자수 가로수는 마치 가로변에 검은색 기둥의 열주가 서있는 것처럼 인상적으로 눈에 들어온다. 이밖에도 라스베가스 가로변의 열주나 석촌호수의 석재 열주는 그 아름다움을 잘 보여주고 있다. 조경분야에서 부지 전체를 대상으로 하여 설치하는 조형물인 조명등이나 안내기둥, 볼라드는 이러한 시각적 효과를 얻을 수 있는 좋은 대상이 될 수 있다.

라스베가스의 열주. 일반적인 기둥은 개체적 아름다움을 꾀하지만, 열주는 군집의 효과를 노린다(좌)

캘리포니아 야자수 가로수. 마치 가로변에 검은색 기둥의 열주가 서있는 것처럼 인상적인 경관이다(아래)

석촌호수의 열주. 특정 공간 속에서 열주는 한 개의 기둥 보다 시각적인 지배력이 훨씬 크다(좌)
S그룹 본사의 석재 조명등. 볼라드나 안내기둥, 조명등은 열주와 같은 효과를 얻을 수 있는 요소들이다(우)

송파구 조명기둥. 시시각각 변하는 조명기둥이 생동감과 환상적인 분위기를 연출하고 있다

빛은 그 강도와 방향에 따라 기둥의 시각적 효과를 다양하게 변화시킬 수 있다. 이것은 주간의 빛의 조건에서도 가능하지만 야간조명에 의한 효과는 더욱 극적일 수 있다. 주광 아래에서는 주로 기둥의 그림자에 의한 효과를 얻을 수 있는데, 사진에서 볼 수 있는 스탠포드대학교의 건물회랑으로 스며드는 빛은 기둥과 조화를 이루어 부드럽고 아늑함을 느끼게 해준다. 한편 야간 조명에 의한 효과는 시각적으로 기둥을 더욱 두드러지게 하는데 미국 디즈니랜드 입구에 만들어진 조명기둥은 장소의 특성을 잘 설명해주는 좋은 사례이다. 간혹 야간의 도시가로에서 만나게 되는 조명기둥은 색다른 경험을 가져다 준다. 기둥의 색이 흰색, 노란색, 빨간색, 파란색으로 변해가면서 야경에 생동감과 환상적인 분위기를 연출하고 있어 좋은 랜드마크가 되고 있다.

스탠포드대학의 회랑. 건물 회랑으로 스며드는 빛이 기둥과 조화를 이루어 공간 전체가 아늑하게 느껴진다(우)

디즈니랜드의 입구 야간조명기둥. 빛은 그 강도와 방향에 따라 기둥의 시각적 효과를 다양하게 변화시킬 수 있다. 특히 야간조명에 의한 효과는 더욱 극적으로 느껴지기 마련이다(아래)

기둥의 메타포

기둥의 형식미形式美는 사람들에게 공통적으로 흥미로운 감정을 유발시키지만 외부공간에서 기둥은 그 이상의 상징적 의미를 전달하는 매체로 사용될 수 있다. 기둥이 은유적인 메시지를 전달하기 위해 사용되었던 몇 가지 사례를 통하여 조경의 매체로서 활용될 수 있는 가능성을 살펴보고자 한다.

① 기둥의 상징

미국 캘리포니아의 버클리에는 도시의 교차로 등 주요 지점마다 자연석을 원형으로 축석하고 하부에는 원형의 의자를 설치한 조형물을 볼 수 있다. 처음 보면 단순한 조형물 의자로 생각할 수 있으나 도시의 경계를 벗어나 다른 도시에서는 이러한 조형물이 더 이상 나타나지 않는다. 이와 같이 기둥은 도시의 정체성을 나타내는데 사용될 수도 있다.

한편 미국 보스턴에 만들어진 홀로코스트 메모리얼에 세워진 6개의 유리타워는 유대인을 대량으로 학살하였던 가스방을 상징하는 의미로 사용되었으며, 미국 워싱턴 D.C.에 있는 프랭클린 루스벨트 메모리얼에는 조각가 그래함Robert Graham이 루스벨트 대통령이 재임시 추진한 뉴딜정책의 사회적 프로그램을 상징적으로 묘사하여 만든 1.8미터 크기의 청동 판

버클리의 원형기둥. 버클리시에서만 볼 수 있는 기둥형 조형물로, 기둥이 도시의 정체성을 나타내는데 사용된 예이다(좌)

프랭클린 루스벨트 메모리얼의 기둥. 5개의 기둥에는 인접한 화강석 벽에 부착된 청동 부조판의 음각이미지를 새겨 넣었다(우)

넬을 설치한 5개의 화강석 원기둥이 세워져있다. 5개의 기둥에는 화강석 벽에 부착된 청동부조판의 음각 이미지를 새겨 넣어 마치 주물과정이 드러나도록 하는 창의적 방법을 고안하였으며, 방문객들이 기둥의 음각 이미지에 진흙을 발라 펼치게 되면 벽에 설치된 양각의 이미지를 얻을 수 있도록 하고 있다. 이러한 은유적 효과를 통하여 방문객들이 당시 뉴딜정책이 거둔 실질적이고 긍정적인 성과를 상상할 수 있도록 유도하고 있다. 이밖에도 기둥을 상징적 매체로 잘 이용한 환경조각으로 일본 히로시마 공항에 있는 'The Earth: A Single Sphere'를 들 수 있다. 조각가인 오카모토 아쯔오岡本敦生는 히로시마 공항으로부터 세계 주요도시에 있는 공항의 로비를 향하여 정확한 방향과 높이로 맞추어 해당도시에서 생산된 돌과 금속을 이용하여 만든 많은 기둥을 설치하였다. 작가는 이를 통하여 공간적으로 떨어져 있음에도 불구하고 국가간 개별적 차이를 존중하면서 평화를 도모하며, 우리의 소중한 지구는 인종과 국적의 경계를 뛰어넘는 하나의 구체라는 완전함과 광대함을 느낄 수 있도록 하고자 하였다. 이곳이 지구에서 최초로 원자폭탄이 투하된 곳이기 때문에 작가의 의도는 더욱 설득력 있게 느껴진다.

② 전통 목조건물기둥의 복제

한국 전통목조건축의 배흘림 기둥과 원통형 기둥은 재료를 달리하여 현대의 조경공간에 열주의 형태로 나타나고 있다. 일반적으로 사용되는 열주는 서울 올림픽공원의 석재열주처럼 원

1. **히로시마공항 'The Earth'.** 세계의 각 도시에서 가져온 돌과 금속으로 히로시마에서 각 도시를 향하도록 기둥을 설치하여 평화를 추구하고 세계가 하나되는 개념을 구현하였다

2. **서울 올림픽 공원의 석재열주.** 조경공간 내에서는 일반적으로 원통형 기둥이 열주에 많이 사용되고 있다

3. **광화문 시민열린마당의 석재열주.** 석재임에도 불구하고 배흘림 기둥의 형태로 만들어져, 풍만하고 여유로운 곡선의 미를 보여주고 있다

통형 기둥이지만 광화문 시민열린마당에 설치된 열주는 석재를 재료로 사용했음에도 불구하고 배흘림기둥의 형태를 취하여 풍만하고 여유로운 곡선의 미를 보여주고 있다. 석재의 가공과정에서 더욱 많은 노력이 필요하지만 재료의 물성을 뛰어 넘어 전통적 디테일을 복제하여 현대적으로 응용하고자 하는 시도를 보여주고 있다.

③ 무너진 사각기둥들

미국 샌프란시스코의 엠바까드로Embarcadero역 주변에는 1971년 'Market street beautification project'의 일환으로 로렌스 핼프린Lawrence Halprin에 의해 설계되어 만들어진 저스틴 허맨 프라자Justin Herman Plaza가 있다. 여기에 캐나다 조각가인 배일런코트Francois Vaillancourt는 폰드pond와 조형물이 일체화된 Vaillancourt Fountain을 설치하였다. 과거 호텔과 술집이 있어 많은 어부들이 모이던 자리에 설치된 조형물은 시민들에게 따가운 눈총을 받았고 비평가들은 '고물덩어리', '거대한 콘크리트 사각형 소세지', '프리웨이의 잔해더미' 등으로 혹평하였지만 작가는 이 조형물을 통하여 지진으로 많은 피해를 입었던 샌프란시스코의 역사를 은유적으로 표현하기 위해 사각형의 기둥을 무질서하게 배열하여 지진으로 무너진 분위기를 연출하였으며, 기둥의 구멍에서 쏟아지는 물을 이용하여 도시에 새로운 생명감을 주고자 하였다.

배일런코트 파운테인. 지진으로 많은 피해를 입었던 샌프란시스코의 역사를 은유적으로 표현하기 위해 사각형의 기둥을 무질서하게 배열하여 지진으로 무너진 분위기를 연출하였다

사라지는 기둥(출처: James E. Young(2000), *At Memory's Edge*, New Haven and London: Yale University Press, p.129, 136, 137)(위)

사라지는 하르부르크 모뉴먼트(아래)

④ 사라진 기둥

가장 극적인 기둥의 사례로서 설치예술가 에스더 샤레브Esther Shalev와 요한 게르쯔Jochen Gerz가 'Against Fascism, War, and Violence and for Peace and Human Rights' 라는 주제로 만든 기념물을 들 수 있다. 1986년 하르부르크에 설치된 모뉴먼트는 폭 0.9m의 정방형으로 12m 높이의 속이 빈 알루미늄으로 만들어졌으며, 표면에는 부드럽고 어두운 납이 얇게 코팅되었다. 그리고 여기에 각 코너에 철필을 매달아 방문객들이 표면에 낙서를 할 수 있도록 하였다. 이러한 과정을 통하여 모뉴먼트는 점차적으로 아래로 낮아지도록 만들어졌는데 몇 차례의 단계를 거쳐 드디어 설치 후 7년이 지난 1993년 11월 10일 완전히 가라앉아 사라지게 되었고 그 위에는 'Harburg's Monument Against Fascism' 이라고 쓰여진 돌로 덮이게 되었다. 지금은 방문객들이 그 위에 서있고 메모리얼이 부담해야 할 기억의 짐을 그들이 대신 지고 있는 상황이 되었다. 이들이 만든 사라지는 모뉴먼트는 관습적으로 만들어져 온 모뉴먼트에 반대하는 또 다른 방법으로서 시간의 흐름 속에서 사라지는 기둥을 통하여 메모리얼의 부재를 통한 사건의 기억이라는 역설적인 시도를 한 것이다.

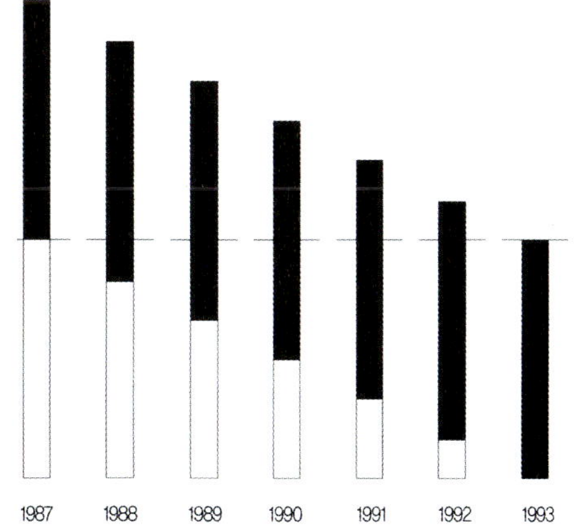

선유도공원의 콘크리트 열주. 기둥에는 옅은 고동색의 물때가 남겨져 있어 상부의 부서진 형태와 함께 시간의 역사를 의미있게 연출하고 있다

⑤ 남겨진 콘크리트 기둥

근년에 만들어진 선유도 공원 내 '녹색 기둥의 정원' 에는 지붕을 걷어내고 남겨진 30개의 부서진 콘크리트 기둥이 옛 건물의 열주를 연상시키듯 기하학적인 아름다움을 표출하고 있다. 기둥에는 옅은 고동색의 물때가 남겨져 있어 상부의 부서진 형태와 함께 시간의 역사를 의미있게 연출하고 있다. 최근에는 심겨진 담쟁이 덩굴이 기둥을 감싸게 되어 콘크리트 나무에 생명을 부여하고 있는 듯하다. 이러한 콘크리트 기둥의 사례는 최근 화제가 되고 있는 서울시 청계천 복원사업에서도 등장하게 된다. 청계고가를 철거하면서 남겨놓은 3개의 교각은 비록 청계고가도로는 역사의 뒤안길로 사라졌지만 근대화의 상징으로서 역사 속의 의미를 다시 생각하게 하고 서울에 시간의 켜를 쌓아주는 소중한 요소가 될 것이다. 이와같이 남겨진 기둥은 장소성, 시간성을 대변하는 효과적인 매체로서 시각적으로 두드러지는 요소라고 볼 수 있다.

조경에서 기둥의 적용

현대에 들어오면서 기둥은 기능체인 동시에 심미적인 대상으로서 외부공간을 구성하는 환경조형물로 활발하게 도입되고 있다. 그 용도에 있어서도 환경조각, 조명등, 물기둥, 볼라드, 기념탑 등 매우 다양하지만 주변공간과 적절한 관계를 맺지 못하는 경우가 많다. 조경설계에서 기둥을 제대로 사용한다면 공간의 주체적인 요소로서 평면적 구성에 그치고 마는 현재의 외부공간을 입체적으로 다양하게 할 수 있는 훌륭한 수단이 될 것이며, 상징적인 의미를 은유적으로 표현하기 위한 중요한 매체로서 활용할 수 있다. 기둥에 더욱 많은 이야기를 담을 수 있을 것이다.

청계천 콘크리트 교각. 역사의 뒤안길로 사라져버린 청계고가의 역사적 의미를 다시 생각하게 하고, 서울에 시간의 켜를 쌓아주는 소중한 요소가 될 것이다

Landscape Architecture **Detail**

7_ Floor

바닥

자연의 플로어 / 바닥에 나타난 문화 / 포장의 기능적 이슈들 / 바닥의 형식미 /
바닥의 상징미 / 배경으로서 바닥 / 물의 수평성과 바닥 / 바닥에 나타난 사인

07 Floor
바닥

인간은 끊임없이 바닥을 딛고 일어나고 걸어 다닌다. 인간의 생활에 있어서 바닥은 매우 중요하다. 사람들이 얼마나 많은 시간동안 몸을 바닥에 의지하고 그곳에서 생활하는 가를 생각해보면 바닥의 중요성을 잘 알 수 있다. 바닥은 물체가 평평한 평면을 이룬 부분이나 넓고 번잡한 곳을 의미한다. 영어로는 마루나 평탄한 밑바닥을 의미하는 플로어floor, 안쪽이나 중심의 상대적 개념으로 표면을 의미하는 서페이스surface로 대체할 수 있다.

여기서 바닥에 대한 논의는 인간의 외부활동이 일어나는 평평한 기반으로서 자연의 표면이나 구조물의 평탄한 부위, 특히 외부공간에서 지표면을 튼튼하게 하고 먼지를 제거하며, 배수를 원활하게 하여 보행자나 자전거, 자동차가 모이고 이동할 수 있도록 사람들의 생활에 많은 편익을 주는 포장에 초점을 두고자 한다.

아울러 바닥을 포장으로만 인식하는 2차원적 사고에서 벗어나 바닥을 만드는 것이 단순히 그것 자체로서가 아니라 벽과 함께 3차원 공간, 더 나아가 시간이 개입된 4차원 공간을 만드는 작업으로 이해하고, 기능적이고 형식적인 측면만이 아니라 바닥을 다양한 의미의 전달 매체로서 활용할 수 있는 가능성을 살펴보고자 한다. 이러한 사고는 조경가에게 좀더 자유롭고 넓은 활동의 영역을 찾을 수 있게 해 주는 밑거름이 될 것이다.

미국 옐로우스톤 내셔널 파크의 곡류천. 드넓은 평야를 느릿느릿 굽이치면서 흐르는 곡류천은 여유롭고 생명력 넘치는 자연의 플로어이다

자연의 플로어

지구를 덮고 있는 표면은 바다, 푸른 초원, 호수, 넓은 경작지, 사막, 눈 덮인 평원, 정원의 뜰 등과 같이 다양한 요소에 의해 구성되어 있다. 아마도 이것을 지배하는 가장 강력한 에너지의 근원은 중력의 힘이며, 이 힘에 의해 만들어진 표면은 자연의 평형상태이거나 그러한 과정 속에 머무르게 된다. 이렇게 균형적인 힘에 의해 안정화된 생태계는 미학적 측면에서 큰 감흥을 전해주기도 한다. 드넓은 평

캘리포니아 해변. 해변의 갈라진 진흙밭에서는 물이 들고 나감에 따라 변화하는 고단한 지표면의 모습을 볼 수 있다

데스밸리 국립공원의 배드워터bad water.
혹독한 기후로 인하여 모래 사막에 바닷물이 말라버린 드넓은 소금밭이 만들어졌지만 여기서 우리는 오히려 경외롭고 심오한 자연의 아름다움을 느낄 수 있다

야를 느릿느릿 굽이치면서 흐르는 곡류천과 초지의 모습이 여유롭고 생명력 있는 플로어라면, 해변의 갈라진 진흙밭에서는 물이 들고 나감에 따라 변화하는 고단한 지표면의 모습을 볼 수 있다. 이보다 더욱 극한 상황인 사막에서도 플로어는 지구의 껍질의 아름다움을 잘 보여주고 있다. 혹독한 기후로 인하여 바닷물이 말라버린 드넓은 사막의 소금밭이 만들어졌지만 여기서 우리는 오히려 경외롭고 심오한 자연의 아름다움을 느낄 수 있다.

바닥에 나타난 문화

정여창 생가 입구. 이 호박돌 포장은 하인들에게 주인의 도착을 알리는 말 발굽소리가 잘 들리도록 깔아놓은 것이다

여기서 우리가 간과할 수 없는 것은 문화적 요소로서 바닥의 역할이다. 바닥을 만들면서 대지의 성질과 장소성, 그리고 역사를 주의깊게 고려해야 한다. 단순히 색이나 질감에만 의존하여 표피적인 아름다움만을 추구한다면 그것은 개념 없는 분바르기에 불과하게 된다. 사람의 피부에도 색이 있고 결이 있으며, 그 피부에는 오랜 시간에 걸친 삶의 고단한 여정이 배어있는 것처럼, 어떤 장소이든 그 장소만의 특징과 고유한 기억이 담겨 있기 마련이다.

르네상스 시대의 산마르코 광장이나 로마나 피렌체와 같은 유럽 도시들의 골목길이나 광장의 포장은 미적 아름다움을 가진 문화체로서의 역할을 하고 있다. 이보다 상징적인 사례로 일본의 고산수 정원에서는 물 대신 하얀 모래를 이용하여 바다를 나타내고 정원석은 섬을 의미하는 요소로 활용하고 있는데, 정원의 평탄한 바닥은 선禪의 세계를 구현하는 배경으로 사용된다.

우리에게도 이러한 문화적 유물이 많은데 재미있는 사례로 전통적인 징검돌 놓기를 사례로 들 수 있다. 징검돌이 그냥 보기에는 평평한 돌을 일정한 간격으로 배치한 것처럼 보이지만 여기에는 우리의 발걸음과 장단이 어울려 만들어낸 미학이 배어있다. 오늘날과 같이 바닥을 덮는 것이 아니라 징검돌을 발걸음에 맞추어 하나씩 조심스레 놓는다면 지금보다 훨씬 인간 친화적이라고 볼 수 있다.

또 다른 사례로 경남 함안에 있는 조선시대 성리학자 일두 정여창 생가의 입구에 깔린 호박돌 포장을 보자. 하인들에게 주인의 도착을 알리는 말 발굽소리가 효과적으로 나도록 하기 위해 의도적으로 깔아놓은 것으로 바닥에서 나는 소리를 통하여 하인들에게 준비할 시간적 여유를 주고자 한 주인의 자상한 마음이 배려된 것이다. 좀 더 권위적인 사례이긴 하지만 경복궁 근정전 앞에는 포장의 단 차이를 주어 위계를 부여한 박석포장이 있다. 이러한 방법은 우리나라나 중국의 궁궐에서 공통적으로 사용되던 방법이었다.

1. **로마의 광장 포장.** 오래된 유럽 도시들의 골목길이나 광장 포장에는 그 나라나 도시만의 문화가 배어있다
2. **일본 교토 료안지 정원.** 일본의 고산수식 정원에서 하얀 모래는 바다를 의미하고, 정원석은 섬을 뜻한다
3. **징검돌 놓기.** 우리의 발걸음에 맞추어 징검돌을 놓는다면 훨씬 인간 친화적인 느낌이 들 것이다
4. **경복궁 근정전 앞의 박석포장.** 포장의 단 차이를 통해 위계를 표현하기도 한다

1	2
3	4

포장의 기능적 이슈들

바닥은 기본적으로 상부하중과 이를 지탱하는 지반의 지지력, 그리고 중간에 개입되는 포장재의 관계로서 그 구조적 양상을 설명할 수 있다. 아울러 포장을 할 때에는 사람의 보행이나 자동차의 이동 및 주차와 같은 다양한 활동과 물의 배수 및 미끄럼 방지 등을 고려해야 한다. 여기서는 실제적으로 현장에서 발생되는 몇 가지 기능적 이슈를 다루어 보고자 한다.

첫째는 포장의 친환경성이다. 콘크리트나 타일 등을 이용하여 시공하는 강성포장은 내구성이 높고 사계절 이용이 가능하지만, 지표면 아래의 토양층으로 물이 침투되지 않고 물을 표면배수시킴으로서 친환경성이 낮은 반면, 흙, 자갈, 잔디로 만들어진 연성포장은 비가 올 경우 표면이 약해지지만 물을 지하로 침투 시킬 수 있어 식물의 뿌리를 보호하고 물을 저장할 수 있기 때문에 자연생태계에 도움을 주게 된다. 최근에는 강성포장임에도 불구하고 친환경적인 우수처리를 위해 투수블럭이나 투수콘크리트와 같은 투수성 재료의 사용이 늘어나고 있다. 그러나 대부분의 투수성 재료는 공극이 많은 구조적인 단점 때문에 쉽게 파손될 수 있다.

둘째는 기온의 변화에 의해 발생하는 신축 문제이다. 사계절의 기온차이가 뚜렷한 우리나라는 콘크리트 포장과 같이 일체화된 포장공법의 경우, 신축으로 인한 균열과 포장재가 들뜨는 현상이 많이 발생하고 있다. 이러한 신축을 흡수하고 동결피해를 방지하기 위해 일정한 간격으로 신축줄눈expansion joint을 넣기도 하지만 문제가 완전히 해결되는 것은 아니다. 때로는 줄눈의 홈이 보행에 문제를 야기하는 경우도 적지 않다.

셋째, 안전한 보행을 위한 바닥의 미끄럼 방지효과이다. 외부공간의 포장은 기상환경에 그대로 노출이 되기 때문에 비와 눈에 의해 포장면이 미끄러워져 보행자가 넘어져 다치는 경우가

오사카 오하마 공원의 투수성 포장. 물을 지하로 침투시킬 수 있고 식물의 뿌리를 보호하고 물을 저장할 수 있기 때문에 투수성 포장은 환경친화적이다

도쿄 주차장 투수블럭 포장. 최근에는 강성 포장이면서도 투수가 가능한 포장 공법과 재료가 개발되고 있다(좌)

서울시립박물관 콘크리트 포장의 신축줄눈. 기온의 변화에 의해 발생하는 신축문제를 해결해주지만, 간혹 줄눈의 홈이 보행을 불편하게 하는 경우도 있다(우)

있다. 미끄럼 방지를 위해서는 표면의 마찰력을 높여야 하며 이를 위해서는 재료의 표면을 돌출되도록 하거나 마찰계수가 높은 재료를 사용해야 한다.

넷째는 포장면내 이질적 요소의 마감이다. 보행로나 광장의 바닥에 설치된 배수맨홀, 상수맨홀, 도시가스맨홀, 전기 및 통신맨홀은 바닥을 포장하는데 어려움을 가져다준다. 최근에는 이러한 시설의 맨홀 뚜껑을 미적으로 처리하여 포장과 일체화하고 있어 시각적으로는 많은 개선이 이루어지고 있다.

마지막으로 기능형 포장에 대한 것이다. 콩자갈이나 자갈을 이용한 지압보도포장은 포장의 기능을 업그레이드한 것으로 건강효과 때문에 많은 공원에 만들어지고 있으며 유리삽입아스콘 포장공법은 보행자의 안전을 위해 횡단보도 앞의 일정한 포장구간 아스팔트에 유리를 삽입하여 난반사를 일으키도록해 운전자의 지각력을 높여 사고를 방지하는 효과를 얻고 있다. 이러한 기능형 포장에 대한 수요는 앞으로도 지속적으로 증가할 것으로 예상된다.

1	3
2	

1. **서울 월드컵 상암경기장 앞 광장의 포장.** 줄눈의 홈이 보행에 문제를 야기할 수 있다
2. **요코하마 보행로 맨홀 뚜껑.** 각종 맨홀 뚜껑을 미적으로 처리하여 포장과 일체화하고 있다
3. **서울 남산 남아메리카 공원의 보행로.** 미끄럼 방지를 위해서는 표면의 마찰력을 높여야 하며 이를 위해서는 재료의 표면을 돌출되도록 하거나 마찰계수가 높은 재료를 사용해야 한다

도쿄 유리삽입 아스콘 포장. 보행자의 안전을 위해 횡단보도 앞의 일정한 포장구간 아스팔트에 유리를 삽입하여 난반사를 일으키도록 해 운전자의 지각력을 높여 사고를 방지하는 효과를 얻고 있다(좌)

남산 야생화 공원의 지압블럭. 최근들어 지압보도포장이 급격히 유행하고 있는데, 자칫 식상함을 줄 수 있을뿐더러 유지관리에 어려움이 적지 않다(우)

바닥의 형식미

보행로나 광장에서 형태, 선, 문양을 이용하여 만들어진 바닥에서 아름다움을 느낄 수 있다. 이러한 형식미 역시 기능성 못지않게 바닥을 다룰 때 중요시되는 부분이다. 외부공간의 바닥에는 짜임방법, 패턴, 리듬에 의해 다양한 미적 감각이 연출될 수 있다. 짜임은 표준화된 재료를 규칙적이고 반복적으로 구성하거나, 부정형의 재료가 조화를 이루도록 하나로 짜맞춰나가는 방식이다. 규격화된 재료를 사용하여 일정한 패턴을 연출하게 되면 질서감이 있어 보이고 안정감을 주며, 돌이나 깨진 타일과 같은 부정형의 재료를 사용하여 포장하면 누더기를 기운 듯 자연스러운 느낌을 주면서 미적인 감각이 높아지는 효과를 얻을 수 있다. 이러한 효과는 다양한 포장이 만나는 곳에서 예상치 못한 채 나타날 수 있는데, 포장재료를 유기적으로 연결해야만 복잡함을 덜고 짜임효과를 얻을 수 있다.

바닥의 패턴 역시 중요한 미적 특성이다. 패턴의 형태는 면 처리, 강조 포장, 선형 강조 포장, 그림 포장 등으로 구분할 수 있다. 면 처리 포장은 넓은 면적을 규칙적인 패턴으로 만드는 가장 흔한 포장방법으로, 광장이나 보행로와 같은 큰 규모의 바닥은 이러한 효과를 구현할 수 있는 훌륭한 무대가 된다. 강조 포장은 입구나 사람들이 모이는 특별한 장소를 강조하기 위하여 작고 집중된 지역에 다른 곳과 다르게 포장하는 것이다. 선형 강조 포장은 선적으로 방향성과 움직임을 주는 포장으로 주로 보행로에서 바닥에 색과 질감을 달리한 포

일본 명치신궁 석재판석 포장(좌)
시애틀의 벽돌포장. 표준화된 재료에 의한 짜임포장이다(우)

1. **도쿄 깨진 판석 포장.** 부정형 석재판석을 이용하면 유기적인 짜임효과를 얻을 수 있다
2. **전주 월드컵 경기장 공원.** 다양한 포장재료가 만나는 곳에서는 재료의 짜임에 의해 복잡함을 줄여야 한다
3. **경기도 광주 도자기 엑스포**
4. **도쿄 신일본빌딩 광장.** 반복적인 패턴에 의해 미적 효과를 연출할 수 있다

1	2
3	4

장재료를 사용하여 효과를 얻을 수 있다. 이러한 패턴이 시간과 공간의 흐름에 따라 규칙적으로 연출될 때 리듬감을 느끼게 되는데 이 때는 방향성과 역동적인 흐름을 연출할 수 있게 된다. 그림 포장은 문양, 상징, 이미지 등을 바닥에 표현하여 미적 효과를 얻기 위해 사용되는데, 보도에 문양타일을 깔거나 광장에 특징적인 문양을 삽입하는 방식이 대표적이다.

바닥에서 더욱 극적인 미적 효과를 얻을 수 있는 방법으로 투시형 유리블록에 조명장치를 설치하여 나오는 빛의 효과를 들 수 있다. 어둠 속에서 반복적이며 연속적으로 연출되는 패턴은 어떤 바닥보다도 강렬하고 환상적인 분위기를 연출할 수 있다.

1	2
3	

1. **샌프란시스코 파이낸셜 다운타운.** 동심원의 포장은 시각적 중심을 강조하게 된다
2. **샌프란시스코 리바이스 광장의 연꽃 문양.** 독특한 문양을 주어 강조 할 수 있다
3. **도쿄 임해부 보행로.** 보도에 선형 강조포장을 하게 되면 방향성을 부여 할 수 있다

나고야 '오아시스 21' 광장의 바닥조명. 어두운 밤에 바닥을 조명하게 되면 강한 시각적 효과를 얻을 수 있다

다양한 바닥 포장. 장대석, 판석, 평석을 활용해 리듬감 있게 보행로를 포장한 사례들이다

다양한 바닥포장. 콘크리트 블럭, 원주목, 대리석, 깨진 판석 등을 이용한 포장사례이다

바닥의 상징미

형식미와 달리 상징미는 바닥을 매체로 하여 의미를 전달하기 위한 목적을 갖는다. 직설적인 방법으로는 상징적 기호나 문양을 이용한 사례를 들 수 있다. 사진에서 볼 수 있는 것처럼 캘리포니아 샌조아퀸의 한국전쟁 참전용사 기념공원에는 태극의 문양을 흑과 백으로 대비하여 표현하였으며, 세크라멘토에 있는 베트남 전쟁 참전용사 기념공원에는 바닥에 검은색 돌로 베트남 지도를 그려서 메모리얼의 기념성을 더욱 높이고 있다.

좀 더 은유적인 사례를 들어보자. 서대문 독립공원에 만들어진 벽돌 포장로는 과거 이곳에 머물렀던 독립운동가와 영어囹圄생활을 하였던 사람들이 만들었던 옥사용 건물

1. 캘리포니아 샌조아퀸의 한국전쟁 기념공원. 흑과 백으로 대비가 되도록 바닥에 태극문양을 표현해 놓았는데, 바닥이 상징적 의미를 전달하는 매체로 사용된 예이다

2. 세크라멘토 베트남전쟁 참전용사 기념공원. 바닥에 검은 색 돌로 베트남 지도를 그려 놓았다

3. 서대문 독립공원의 벽돌포장. 옥사용 건물에 쓰였던 벽돌을 재활용하여 포장에 사용하였다. 오래된 시간의 역사를 과거로 되돌리는 훌륭한 매체가 되고 있어 이곳의 장소적 기념성을 더욱 높이고 있다

4. 나가사키 원폭투하지점 메모리얼. 원자폭탄이 떨어진 지점에 세워진 검은 색 탑을 중심으로 점진적으로 커지는 원을 바닥에 포장하여 마치 방사능이 확산되는 듯한 이미지를 연출, 원자폭탄이 떨어졌던 당시의 상황을 은유적으로 묘사하고 있다

벽돌을 재활용하여 포장에 사용하였는데, 곳곳에 묻어 있는 흰색과 벽돌 위에 새겨진 '경京' 의 표시는 오래된 시간의 역사를 과거로 되돌리는 훌륭한 매체가 되고 있어 이곳의 장소적 기념성을 더욱 높이고 있다. 설계적 시도가 돋보이는 일본 나가사키 원폭투하지점에 만들어진 메모리얼에는 원자폭탄이 떨어진 지점에 세워진 검은 색 탑을 중심으로 점진적으로 커지는 원을 포장하여 마치 방사능이 확산되는 듯한 이미지를 연출하고 있어 원자폭탄이 떨어졌던 당시의 상황을 은유적으로 묘사하고 있다.

프랑스 베르시 공원. 공원으로 조성되기 이전에 포도주 공장이었던 부지의 기억을 존중하고 그 흔적을 남기기 위해, 포도주를 운반하던 레일을 그대로 포장에 남겨 놓았다(좌)

요한 게르츠의 '보이지 않는 메모리얼Invisible memorial'(출처: James E. Young(2000), *At Memory's Edge*, New Haven and London: Yale University Press, p.141)(우)

프랑스 아틀란띠끄 정원의 물결무늬 바닥. 정원 곳곳에 물결 무늬 포장 패턴이 도입되어 있는데, 설계자가 표현하고자 한 바가 무엇인지를 상징적으로 나타내고 있다

바닥을 기념의 소재로 활용한 사례는 많지만 사르브뤼켄 스크로스 광장의 포장에서처럼 은밀하고 상징적인 사례는 많지 않을 것이다. 6장의 기둥에서 언급한 바 있는 사라지는 기둥인 'Harburg's vanishing monument'의 작가로서 유명한 요한 게르츠Jochen Gerz는 사르브뤼켄에 있는 미술대학의 객원교수로 임명된 후, 학생들과 함께 광장에 메모리얼을 만들기 위해 바닥 돌을 몰래 가져와 여기에 사라진 유태인들의 묘지이름을 새긴 다음 다시 원래의 자리에 보이지 않도록 설치하였다. 오직 이 과정에 참여한 학생들만이 알 수 있는 은밀한 메모리얼로서 일반인들에게는 '보이지 않는 메모리얼Invisible Memorial'이 되어 버렸다.

캘리포니아 어드벤쳐 광장의 콘크리트 블록(위)

정동 배재공원앞 그래픽 타일. 바닥의 넓은 수평면은 다양한 작업의 배경이 되기도 한다(우측 상단)

오대산 월정사 문양포장(우측 하단)

배경으로서 바닥

바닥의 넓은 수평면은 그림을 그리거나 이름을 새기는 등 다양한 작업의 배경이 되며, 주체와 배경의 대조를 통하여 인상적인 비석 효과를 연출할 수 있다. 또 무엇인가를 기념하고자 할 때, 바닥에 설치되는 그래픽 타일이나 블록, 동판을 이용해 그림을 그리거나 이름 혹은 숫자를 새겨 넣을 수도 있다. 사진에서와 같이, 보도에 설치된 그래픽 타일, 사찰 경내의 포장문양, 광장에 포장된 기증자들의 이름이 새겨진 육각형 콘크리트블록 등은 그 대표적인 사례들이다.

보행로는 아니지만 많은 사람들에게 미적 감동을 불러일으키는 바닥과 같은 수평면으로 화단을 꼽을 수 있다. 정원의 구성요소로서 우리나라, 중국, 일본에서는 돌을 중요시 하였고 이슬람 정원에서는 물을 주요한 요소로 인식한 반면, 서양에서는 화단을 주요한 매체로 이용하였다. 특히 파르테르는 르네상스 정원과 바로크 정원을 대표하는 양식요소이기도 하다. 하노버에 있는 헤렌하우젠 궁원은 바로크식의 화단을 조성하여 보는 사람들의 즐거움을 더하고 있다.

하노버 헤렌하우젠 궁원의 파르테르. 보행로는 아니지만 많은 사람들에게 미적 감동을 불러일으키는 바닥과 같은 수평면으로 화단을 꼽을 수 있다(좌)

샌프란시스코 여바부에나 공원의 광장(아래)

눈 내린 선유도 공원. 눈은 바닥을 전혀 다른 심오한 세계로 바꾸어 놓는다

한편, 비의도적이거나 즉흥적으로 바닥을 미적으로 활용한 사례들도 있다. 예를 들어 지하광장에 설치된 빨간색의 파라솔은 비의도적인 것이기는 하지만 바닥을 배경 삼아 자극적이고 아름다운 패턴을 연출하고 있다. 때로는 바닥에서 즉흥적인 예술적 감각을 표현하기 위한 퍼포먼스가 일어날 수도 있다. 겨울철에 내린 눈은 바닥을 전혀 다른 심오한 세계로 바꾸어 놓는다. 눈이 오는 날 바닥에 그림을 그리거나 글씨를 써 본 경험은 우리 모두가 공유하는 추억이다. 선유도 공원에서 하얀 눈 위에 즉흥적으로 그린 눈 그림은 일시적이기는 하지만 공원의 또 다른 변화 가능성을 보여주고 있다. 재미있는 사례를 하나 더 들면, 미국 워싱턴주 올림픽 국립공원의 비지터센터에 있는 콘크리트 포장로 위에는 예상치 못한 동물의 발자국이 찍혀 있다. 사슴의 발자국으로 추정되는데, 아마 콘크리트 타설을 하고 난 직후 미처 경화되기 전에 사슴이 스쳐 지나가면서 남긴 발자국의 흔적이 그대로 나타나 있다. 그런데 이 우연한 흔적이, 딱딱하고 무미한 콘크리트 포장에 생명감을 불어 넣는 듯하다.

캘리포니아주 세크라멘토의 선큰 광장. 지하광장에 설치된 빨간색의 파라솔은 비의도적인 것이기는 하지만 바닥을 배경 삼아 자극적이고 아름다운 패턴을 연출하고 있다

눈 위에 퍼포먼스. 하얀 눈 위에 즉흥적으로 그린 눈 그림은 일시적이기는 하지만 공원의 또 다른 변화 가능성을 보여주고 있다(좌)

미국 워싱턴주 올림픽 내셔널 파크의 콘크리트포장. 콘크리트 타설을 하고 난 직후 미처 경화되기 전에 사슴이 스쳐 지나가면서 남긴 발자국 흔적이 그대로 나타나 있다. 그런데 이 우연한 흔적이, 마치 딱딱한 콘크리트 포장에 생명감을 불어 넣는 듯하다(우)

물의 수평성과 바다

물은 생명의 근원이며 중력의 힘을 가장 잘 표현하는 요소이기도 하다. 산속의 작은 계류에서부터 흘러내리기 시작한 물은 폭포로 떨어지고 호수에 모여 다시 큰 강을 이루어 바다로 들어가게 된다. 여기서 우리가 주목할 것은 물이 가두어졌을 때 나타나는 수평성이다. 연못에 심겨진 수련의 꽃과 잎은 물을 배경으로 매우 아름다운 패턴을 보여주기도 하며, 잔잔한 호수나 연못에 다가서면 마치 내 얼굴이 물 속에 있는 듯하고 바람이 불기라도 하면 가는 파장이 생기기도 한다. 이런 물의 이미지는 사람들로 하여금 과거를 회상하게 하고 마음을 정화시켜주는 효과가 있는데, 이와 같은 이유 때문에 많은 메모리얼에서는 물을 매체로 하는 수경요소를 도입하고 있다. 대부분의

광릉수목원의 못. 주변을 비추는 물의 특성은 사람들로 하여금 과거를 회상하게 하고 마음을 정화시켜주는 효과가 있다(좌)

제주도 여미지 식물원의 빅토리아 연꽃. 고요한 연못에 심겨진 연꽃은 물의 수평성을 배경으로 아름다운 패턴을 보여준다(아래)

메모리얼에서 물은 생명감을 부여하거나 죽음을 추모하기 위해 사용되고 있으며, 특히 물이 갖는 반영효과가 빈번히 이용되고 있다. 원자폭탄투하로 인한 사망자와 부상자를 추모하기 위해 만들어진 히로시마 평화공원에는 원폭돔과 히로시마 기념아치가 중심축상에 위치하고 있는데 안장 모양의 히로시마 기념비가 그 앞에 위치한 못에 비친 모습은 메모리얼에서 물의 반영효과를 이용한 좋은 사례라고 볼 수 있다.

이 밖에도 물의 수평성은 예상치 못한 곳에 사용되기도 한다. 나고야에 있는 '오아시스 21' 광장에는 타원형의 유리 못이 광장으로부터 솟구쳐 올라와 만들어져 있는데, 투명한 유리에 담겨진 물은 광장의 융기된 바닥이요, 도시의 오아시스로서 바닥의 역할을 다하고 있다.

영등포 공원. 물의 반영효과는 공간에 색다른 분위기를 선사한다(우)
나고야 '오아시스 21' 폰드. 투명한 유리에 담겨진 물은 광장의 융기된 바닥이요, 도시의 오아시스로서 바닥의 역할을 다하고 있다(아래)

나가사끼 메모리얼. 물이 메모리얼에 도입될 경우, 생명감을 부여하거나 죽음을 추모하는 의미를 갖는다(좌)
히로시마 평화공원 기념비. 물에 비친 기념비의 반영효과는 사건을 기억하기 위해 메모리얼에서 자주 사용하는 기법이다(우)

바닥에 나타난 사인

바닥은 사람들에게 훌륭한 안내자이기도 하다. 보행로의 바닥에 나타난 사인에는 방향과 통행 관련 정보가 제공되는데 대표적인 사례로 시각장애인을 위한 점자블록을 들 수 있다. 점자블록은 유도용과 경계용으로 나누어지게 되는데 이러한 사인이 혼동되어 사용되거나 체계적으로 설치되지 않으면, 시각장애인의 보행에 큰 어려움과 안전 문제를 발생시킬 수 있다. 사진에서처럼 "블록 위에 물건을 올려놓지 말라"는 안내문은 도시가로에서 자주 발생하는 문제를 잘 보여주고 있다.

방향을 알리는 사인으로 분당중앙공원 옆 소하천에 만들어진 징검다리의 싸인은 매

1. 오오사카 보행로의 점자블록. "블록 위에 물건을 올려놓지 말라"는 안내문이다. 사인이 혼동되어 사용되거나 체계적으로 설치되지 않으면, 안전 문제가 발생할 수도 있다

2. 분당 중앙공원 옆의 징검돌. 무척 흥미로운 사례인데, 좌우로 각 4개씩 삼각형의 돌을 일렬로 배치하여 통행의 방향을 설명하고 있다

3. 목재데크 보행로. 발자국의 모습으로 방향을 안내하고 있다

4. 미국 보스턴 프리덤 트레일. 미국 최초의 역사 탐방보행로로서 이곳을 따라 걷게 되면, 미국의 역사에서 가장 중요한 16개의 장소를 둘러 볼 수 있는 소중한 기회를 갖게 된다

1	2
3	4

우 재미있는데, 좌우로 각 4개씩 삼각형의 돌을 일렬로 배치하여 통행의 방향을 알려주고 있다. 호기심에 모른척하고 역방향으로 건너가게 되면 예상치 못한 위험을 겪을 수 있다. 다른 사례로서 미국 보스톤에 있는 프리덤 트레일Freedom Trail을 들 수 있다. 미국 최초의 역사 탐방보행로로서 방문객 안내센터에서 시작하여 이 길을 따라 걷게 되면, 미국의 역사에서 가장 중요한 16개의 장소를 둘러 볼 수 있는 소중한 기회를 갖게 된다. 우리나라에서도 도심의 역사적인 장소나 뛰어난 경관요소에 대한 관광안내를 위해 이러한 시스템을 도입해보는 것도 좋으리라 생각한다.

아쉽게도 우리는 바닥에서 얻을 수 있는 문화적 향기와 의미를 잃어버리고 도시의 바닥은 콘크리트 블록, 투수콘크리트, 석재타일 등의 포장재에 의해 덮이고 말았다. 대표적인 사례로 우리나라에서만 유난스럽게 많이 사용된 소형고압블럭I.L.P:Interlocking Pavement이라 불리는 포장공법을 살펴보자. 불과 1980년대 초반에 국내에 도입된 이후로 공법의 시공성 · 경제성 · 기능성 · 내구성이 좋다는 이유로 흙이 있는 곳이면 어디든지 이 재료가 우선적으로 사용되었다. 이것을 개발했던 외국에서도 그 효과를 모르지 않았겠지만 왜 유난스럽게 우리에게만 널리 사용된 것인지를 생각해 볼 필요가 있다.

마지막으로 바닥을 이야기하면서 광장에 관련된 말을 꺼내지 않을 수 없다. 광장은 비워져야 하는 속성 때문에 입체적이기보다는 평면성이 보다 강력한 지배요소가 될 수 있다. 그러나 서두에서도 말했듯이 비워져 있는 것은 2차원의 바닥이 아니라 3차원의 공간에서 바닥으로 있을 때 그 가치가 크게 되며, 4차원적인 시간의 흐름 속에서 사람이 모이고 정체하며, 분산하는 과정에서 바닥은 더욱 생명력을 얻을 수 있다. 좋은 사례로 2003년 서울시청 앞 광장 설계공모 당선작인 인터시티와 서현 교수의 응모작인 '빛의 광장'은 2003개의 모니터를 설치하여 시민참여와 집단적 축제를 담으려고 했다. 비록 첨단기술의 불안정성으로 설계안은 시행되지 않았고 지금은 잔디밭으로 바뀌었지만 바닥을 대하는 설계가들의 진부한

소형고압블록 포장

서울 시청앞 잔디 광장

매너리즘에 자극을 준 좋은 사례가 되고 있다.

우리 주변에는 많은 공간이 있으며 거기에는 바닥이 있다. 편리하고 값싸다는 이유로 콘크리트로 대충 덮어버리고 마는 편의적인 태도보다는 작고 소박할 지라도 많은 이야기가 담기고 시간의 자국이 남아있는 바닥을 많이 만들어야 할 것이다. 아이들이 땅따먹기를 할 수 있고 그 위에 발랄한 생각을 그릴 수 있는 곳이면 더욱 좋을 것이다. 두껍고 딱딱한 껍질보다는 푹신하고 꿈틀거리는 모습으로, 모든 것이 다 그려지고 만들어진 것보다는 사람들의 채움에 의해 완성될 수 있는 바닥이 필요하다.

Landscape Architecture **Detail**

8_ Edge

경계

경계의 의미 / 경계의 속성 / 자연적인 경계와 인위적인 경계 / 외부 공간의 경계
/ 경계와 관련된 이슈들 / 새롭게 변화하는 경계

08 Edge 경계

조경의 주요한 대상인 가든garden은 울타리나 위요를 의미하는 히브리어의 'gan'과 즐거움이나 기쁨을 의미하는 'oden' 또는 'eden'이 합쳐진 것이다. 즉 'garden'은 '즐거움과 기쁨을 주는 울타리가 쳐진 땅'을 의미하는 것이다. 또 다른 예로서 낙원을 의미하는 'paradise'도 페르시아어로부터 기원한 것으로 '벽으로 둘러진 정원'을 의미한다. 이와 같이 정원에서 경계는 외부공간을 구획하고 구성하는 가장 기본적인 요소로서 정원의 기원과 긴밀하게 관련되어 있다.

경계의 의미

경계는 그것을 형성하는 영역에 의해 만들어진다. 유역은 물이 특정한 강으로 흘러들어가는 배수구역이고, 갯벌은 육지와 바다가 만나는 곳에 끊임없이 밀물과 썰물이 드나들어 형성된 영역이며, 동물의 서식처는 먹이를 찾고 짝을 구할 수 있는 영역이다.

경계라는 단어는 복합적인 의미를 갖고 있고, 다양하게 사용될 수 있음을 이해해야 한다. 명확하게 드러나는 물리적 요소로서의 경계도 있지만, 비물리적인 정치적 · 문화적 경계도 있다. 사람들이 물리적이거나 문화적 경계에 서게 되면 멈추거나 서성거리고 심리적으로 상당히 긴장을 하는 것도 물리적 경계의 제어력과 문화적 경계의 이질성에 기인한 것이다. 따라서 경계를 넘게 되면 형태와 공간의 물리적 변화만이 아니라 법과 제도, 문화가 달라지기 때문에, 그 순간 사람은 이방인이 되기 십상이다.

터키의 카나칼레에서 본 마르마라해와 유럽으로 지는 석양의 모습

여기서는 외부공간과 관련하여 가급적 경계의 물리적 측면에 중점을 두어 언급하고자 한다. 물리적 경계는 규모에 의해 다양하게 구분할 수 있다. 크게는 지구 차원의 경계요소로서 아시아 · 아메리카와 같은 대륙과 태평양 · 대서양 같은 대양, 로키산맥 · 알프스산맥과 같은 대륙에 위치한 산맥들이 대상이 된다. 지역 및 도시차원의 경계는 태백산맥, 한강과 같은 산맥과 강, 도로, 철도, 그린벨트 등이 해당되며, 이보다 작은 공간차원의 경계요소는 담, 벽, 연못, 휀스, 경계석, 차도, 자전거도로, 보행로 등으로 외부공간에 많이 설치되어 있어 우리에게 익숙하며 조경의 주요한 대상이기도 하다. 더욱 세심하게 우리의 주변을 살펴보면 너무 작아서 보편적 시지각의 세계를 벗어난 프랙탈fractral과 같은 마이크로 세계의 경계요소도 있다.

양버즘나무의 잎맥. 나뭇잎에 펴져있는 잎맥은 잎을 부분으로 나누기도 하지만, 동시에 잎에 수분과 양분을 공급하고 받아들이는 기능을 하기도 한다. 이처럼 경계는 땅가름과 구획만을 하는 것이 아니라 부분을 통합하고 연결하는 역할을 하기도 한다

경계의 속성

경계는 울타리나 담장과 같이 노골적으로 두드러지기도 하지만 때로는 암시적이면서 은유적으로 존재하기도 하고 다양한 속성을 가지고 있어 실체를 파악하기 어려운 경우도 있다. 경계의 대표적 속성인 공간을 구분하고 연계시키는 속성, 프랙탈과 생명성, 다층성에 대하여 살펴보자.

① 경계의 구분과 연계성

공간과 지역을 구분하는 것은 경계의 가장 기본적이며 중요한 속성이다. 외부로부터 침입을 막기 위하여 담을 치고 성벽을 쌓고 경계를 표시하는 것은 인간이 지금까지 해 온 대표적인 경계 만들기 작업이다. 지역이나 공간을 구획하는 물리적 경계가 뚜렷하면 안과 밖을 구분하거나 땅을 가르는 작업을 명확하게 할 수 있다. 그러나 단순히 땅가름과 구획이 경계의 모든 속성은 아니다. 오히려 케빈 린치Kevin Lynch가 말한 것처럼 '도시의 많은 도로나 하천과 같은 요소는 경계인 동시에 도시의 무수한 요소를 연결하는 끈'으로서 공간, 부지, 그리고 지역을 통합하고 연결하는 요소로 이해되어야 한다. 이것은 나뭇잎에 펴져있는 잎맥이 잎을 부분으로 나누면서 동시에 잎에 수분과 양분을 공급하고 받아들이는 기능을 하는 것과 같은 것이다. 아마도 이러한 사고는 외부공간에서도 유효하리라 본다.

② 프랙탈 구조

산맥, 강, 모래사구, 나무 그리고 눈의 결정체는 질서와 무질서가 혼합된 독특한 조합으로서 조화롭게 배열되어 있다. 1960년대 프랑스의 수학자 베노이트 만델브로트Benoit Mandelbrot 박사는 그러한 형태를 공간과 시간의 축척을 뛰어 넘는 조화로서 '프랙탈 기하학', '자연의 기하학'이라고 불렀다. 프랙탈은 매우 흥미로운 형태로서 세부구조를 확

모슬포 해안선. 울퉁불퉁한 바위로 이루어진 해안선은 마치 나무줄기→가지→나뭇잎처럼 비슷한 모양이 계속 반복된다(좌)

구름. 프랙탈 구조는 자연계에서 쉽게 찾아 볼 수 있는데, 세부구조를 확대해 보면 계속해서 구분되어 무한한 길이를 가지며 전체구조와 유사한 형태로 스스로 닮아가는 반복·점진에 의해 만들어진 기하학적 구조를 말한다(우)

대해 보면 계속해서 구분되어 무한한 길이를 가지며 전체구조와 유사한 형태로 스스로 닮아가는 반복·점진에 의해 만들어진 기하학적 구조를 말한다. 그는 울퉁불퉁한 바위로 이루어진 해안선의 길이가 궁금해 바위를 단계적으로 확대해 들여다보았다. 그러자 마치 나무줄기→가지→나뭇잎과 같이 비슷한 모양이 계속 반복된다는 사실을 발견했다. 기존의 유클리드 기하학에서 말하는 점은 0차원, 선은 1차원, 면은 2차원이라는 개념을 거부하고 많은 물체의 차원은 분수로 측정해야 한다는 프랙탈 기하학을 제시하였다. 즉, 해안선은 유클리드 기하학에서 1차원적 요소이지만 프랙탈 기하학에서는 1.25차원이 되는 것이다. 그는 이런 구조를 '쪼개다'란 뜻의 그리스어 '프랙투스fractus'에서 따와 프랙탈이라 불렀다. 이러한 프랙탈 구조는 자연계에서 쉽게 찾아 볼 수 있는데, 겨울에 내리는 눈의 결정, 싹트는 고사리 잎, 브로콜리, 상추의 잎, 허파꽈리, 나무, 해안선, 구름의 경계 등에서 프랙탈 구조를 찾아 볼 수 있다. 식물의 잎이 넓게 퍼지면서 자랄 때 여러 가지 힘이 균형을 이루려면 프랙탈 모양이어야 한다. 이처럼 생명성과 최적을 추구하는 자연의 본성은 논리적으로 상당한 유사성을 가지고 있으며 프랙탈 구조와 연결되어 있다. 이러한 특성 때문에 미술, 건축, 조경, 도시계획에도 프랙탈 기하학의 원리가 응용되고 있다.

요코하마 차이나타운의 패루. 세계 주요 도시의 차이나타운에 설치되어 있는 패루는 문화의 다원성을 대변하는 경계요소이다

③ 경계의 다층성

간단명료하고 견고한 경계는 공간을 명확하게 인식할 수 있도록 해주지만 폐쇄적이고 정태적이며, 공간, 지역, 문화간의 의사소통 및 교류의 접촉면을 줄이고 없애는 결과를 초래하게 된다. 반대로 경계가 다양하고 이질적인 요소들이 다층으로 구성되어 있을 때, 다양성과 자유로움을 얻을 수 있다. 마치 여러 겹으로 둘러싸인 양파의 껍질처럼 경계는 뇌풀이되어 층시어 나타난다. 여러 겹의 담이나 건물로 둘러싸인 궁궐이나 사원의 다층적인 경계는 신비스러움과 공간의 깊이를 더해주는 효과적인 수단이 된다.

여기서 주요한 관심사는 아니지만 문화적 측면에서 경계의 다층성은 중요한 속성이다. 대표적으로 특정 지역의 경계를 알려주는 중국식 구조물인 패루牌樓를 들 수 있다. 이것은 차이나타운chinatown임을 알려주는 상징물로 세계의 주요 도시마다 설치되어 있는 다원적 문화를 대변하는 경계요소이다. 다른 나라임에도 불구하고 오히려 중국풍의 건물과 중국인들의 모습이 이질적이면서도 공존하는 문화적 경계의 자유로움을 잘 보여주고 있다. 이러한 문화적 경계의 자유로움은 새로운 문화의 잉태와 발전을 모색하도록 해주는 에너지가 될 수 있다.

자연적인 경계와 인위적인 경계

경계를 이해하기 위해서는 우선적으로 자연의 경계와 인위적 경계에 대한 이해가 전제되어야 한다. 개인적 견해로는 본래의 경계는 자연적인 것으로부터 기원된 것이라고 생각한다. 예를 들어, 자연 속에 등장하는 산맥, 능선, 분수선 그리고 동물이나 식물들의 영역도 모두 자연생태계의 오랜 형성과정을 통해 만들어진 조화롭고 안정적인 짜임으로서 경계의 일종이다. 여기에는 지구의 지리, 중력과 에너지 그리고 생태계의 균형과 발전이라는 큰 원리가 작용하고 있음에 틀림없다. 여기에 또 다른 층으로서 인간에 의해 만들어진 경계가 놓여졌다. 인간에 의해 만들어진 경계는 작게는 집의 울타리, 마을이나 부족단위의 울타리나 성벽, 이것이 점차 확대되어 권력과 집단의 힘이 한계에 이르게 되면 자연적 경계와 조화를 이루어 국경이 되었다. 근대 이후, 과학의 발달로 이러한 자연의 경계가 갖는 우월적 지위가 많이 약화되어 미국이나 아프리카 대륙의 국가 경계처럼 직선의 국경선과 과거 러시아연방의 경계처럼 정치적 경계가 등장하기도 하였다. 그러나 바이오리저널리즘bioregionalism에서 주장하는 것처럼 국가나 도시의 경계는 강과 바다, 산맥, 기후, 해발고도, 동식물의 생태

계곡. 자연에는 수많은 경계가 있다(좌)
산의 능선. 자연 속의 경계는 인간들이 인위적으로 만든 경계의 기원으로 기능했다(우)

계와 같은 자연의 경계에 의해 결정적 영향을 받아 왔거나 인간이 만든 경계가 상호조화를 이루어 만들어져 왔음을 부인할 수 없다.

앞서 언급한 대로 자연에는 많은 경계가 있다. 강, 능선, 갯벌, 해안선, 수변, 동물의 영역, 배수분수선 등이 좋은 사례이다. 모두 생명성과 자유로움을 갖는 경계이다. 대표적인 예로 우리나라의 서해안과 남해안에 발달되어 있는 갯벌은 조수간만의 차에 의해 만들어지는 육상 및 수상생태계의 경계이다. 이 경계는 끊임없이 변화하고 살아있는 경계이며, 하루에도 두 번씩 밀물과 썰물이 들어오고 나가는 현상이 되풀이 되고 있다. 프랙탈 구조측면에서 볼 때, 갯벌은 매우 안정화된 경계이다. 그러나 갯벌을 매립하는 것은 해안선을 단순한 직선으로 만들어 고엔트로피의 생태계로 돌리는 반환경적이며 인공적인 경계를 만드는 작업이고, 안정화된 프랙탈 구조를 파괴하는 것이다.

인위적 경계는 사람들이 공동체를 구성하고 유지해 나가면서 그 필요성이 대두되었는데, 사람들은 식량생산과 공동체 생활을 위한 영토가 필요했고 이를 지키기 위해서 경계

갯벌. 갯벌은 조수간만의 차에 의해 만들어지는 육상, 수상생태계의 경계이다. 이 경계는 끊임없이 변화하고 살아있는 경계이며, 하루에도 두 번씩 밀물과 썰물이 들어오고 나가는 현상이 되풀이 되고 있다

를 만들었다. 때로는 자연의 산이나 강과 같은 지형요소를 이용하기도 하였지만 이것이 모든 것을 충족시켜주지는 못했다. 그래서 사람들은 그들의 영역을 표시하기 위해 기둥, 볼라드, 연못 등 랜드마크를 세우고 더욱 강력하게는 담, 해자, 벽, 성을 만들기도 하였다. 아주 오래된 경계로서 B.C. 3100년경 만들어진 스톤헨지stonehenge의 어브레이 홀aubrey holes이나 스톤헨지로부터 3km 떨어진 곳에 있는 우드헨지woodhenge의 둔덕은 원시시대에 사람에 의해 만들어진 경계의 좋은 사례이다.

1. 어브레이 홀(출처: English Heritage(1987), *Stonehenge and Neighbouring Monuments*, London: Western Press, p.12)

2. 캘리포니아의 해변. 사람들은 자연 속의 경계를 활용하여 영토를 표시하다가, 점차 기둥, 담, 벽, 성 등 인위적인 경계를 만들기 시작했다

3. 우드헨지(출처: English Heritage (1987), *Stonehenge and Neighbouring Monuments*, London: Western Press, p.33)

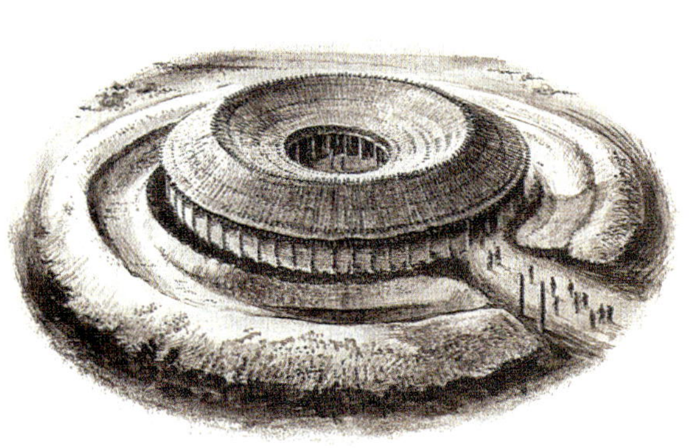

울타리는 가장 일반적인
경계 표시 수단이다

1. 서울 삼청공원
2. 하노버 주거단지 트렐리스
3. 양화진 소공원의 벽과 휀스
4. 세종로 공원의 벽돌벽. 정원의 경계요소는 외부로부터 사람이나 동물의 침입을 방지하거나 공간을 구획하고, 미적 효과를 얻기 위해 사용되고 있다

1	4
2	
3	

외부 공간의 경계

동서양을 망라하여 공통적으로 등장하는 경계요소 중 해자垓字는 무척 흥미로운 요소이다. 서양에서 해자는 큰 수로와 연못을 만들어 경계를 구획하고 외부의 침입을 방어하는데 효과적으로 사용되었다. 원래는 17세기 프랑스에서 'saut-de-loup' 로 불리며 군사적인 목적으로 사용되었는데, 이것이 1680년대 영국으로 도입되면서 브릿지만Charles Bridgeman이 스토우가든stowe garden에서 최초로 대규모의 하하Ha-ha 기법을 사용하였다. '하하' 라는 말은 당시 영국에서 널리 사용된 해자가 멀리서는 보이지 않다가 가까이 다가가면 나타나서 사람들을 놀라게 하여 웃게 하므로, 그 웃음소리를 따서 지어진 것이다. 한국과 일본에서도 해자는 성을 보호하기 위해 사용되었다. 서울 올림픽공

원에 있는 몽촌토성은 자연 구릉을 이용해 만든 토성으로 성 외곽에 해자와 목책을 두르고 있었으며, 지금도 해자 위치에 물을 가두어 놓아 당시의 모습을 어느 정도 상상해 볼 수 있는데, 곳곳에 목책도 복원해 놓고 있다.

외부공간에서의 경계는 정원과 공원에 많이 쓰이는 벽, 헤지, 울타리, 트렐리스 등이 있다. 공공공간에도 많은 경계요소가 사용되고 있는데, 대부분 사람들의 행동을 제어하고 규칙적인 행동을 유도하기 위해 설치되고 있다. 외부공간에서는 불가피하게 높이가 달라지는 곳, 포장재료가 달라지는 곳, 수직적 구조물이 있는 곳, 수공간의 경계부 등 서로 다른 조건이 상충하는 곳이 생기게 되어, 경계의 처리는 조경가에게 고민거리가 되기도 한다. 이중 가장 대표적인 것으로 도로, 보행로, 광장에서 흔히 볼 수 있는 경계석을 들 수 있다. 경계석은 다른 구조물에 비해 작고 단순한 형태이지만 선적인 경계요소로서 차도와 보도의 구분, 보행자의 안전, 배수를 위해 현대 도시의 도로 및 보행로에서 중요한 기능을 갖는 필수적인 요소가 되었다.

1, 2, 3. 다양한 경계들

4. 몽촌토성 앞의 해자. 과거에 성을 보호하기 위해 해자를 만든 것이 지금은 공원의 일부가 되고 있다

1	4
2	
3	

경계와 관련된 이슈들

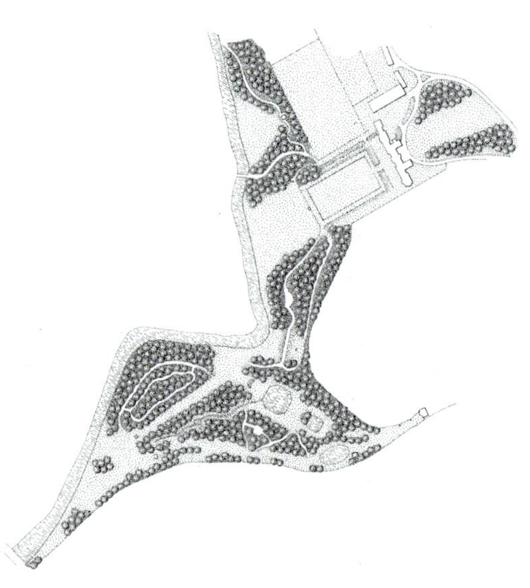

Rousham Garden(출처: Filippo Pizzoni(1997), *The Garden: A History in Landscape and Art*, New York: Rizzoli International Pub. Inc., p.168)

① 직선과 곡선의 경계

인공의 직선과 자연의 곡선에 대한 논쟁은 조경사에서 끊임없이 제기되어 왔으며, 지금까지도 계속되고 있다. 정원에서 직선을 탈피하고 자연적인 곡선을 이용하기 시작한 대표적인 사례로 18세기 영국의 자연풍경식 정원을 들 수 있다. 이전까지 사용되어온 직선과 달리 새롭게 등장하기 시작한 자연풍경식 정원의 구불거리는 곡선이 갖는 미적인 매력에 관한 토론은 주요한 논쟁거리였다. 최초의 자연풍경식 정원으로 평가되고 있는 영국 옥스포드쉬어Oxfordshire에 있는 루스함 정원Rousham Garden이 브릿지만Charles Bridgeman에 의해 처음 만들어졌던 1720년에는 정형식 정원이었다. 그러나 1738년 도머가家의 소유가 된 후 정원의 재조성을 의뢰받은 켄트William Kent는 이전의 정원에 교목을 무작위로 군식하고 곡선을 이용하여 진정한 의미의 최초의 자연풍경식 정원으로 바꾸었다. 그는 "자연은 직선을 싫어한다"면서 정원에 자연스러운 곡선을 도입하기 위해 노력하였다. 이후 곡선의 경계는 자연풍경식 정원의 주요한 특징으로 자리잡기 시작하였다.

서울 대학로 연못의 곡선 갓돌. 오늘날에는 시공의 경제성 때문에 직선과 곡선이 관심의 대상이 되고 있다. 곡선은 직선에 비해 작업비용이 많이 들고 시공이 번거롭다는 이유 때문에 기피되기도 한다

오늘날 우리나라에서도 직선과 곡선의 경계석에 대한 기술자들의 관심이 높다. 그것은 외부공간의 형태에 대한 선호 뿐만 아니라 시공의 경제성 때문이다. 곡선은 직선에 비해 작업비용이 많이 들고 시공이 번거롭다는 이유 때문이다. 시대와 이유는 다르지만 직선과 곡선에 대한 논쟁은 여전하다.

② 높고 위압적인 경계

개인적 경험으로는 우리나라에서 사용하고 있는 경계의 방법은 대부분 위압적이거나 경직되어 있는 경우가 많다. 가장 좋은 것은 경계가 없는 것이다. 그런데 우리의 도로에 설치된 경계석은 외국의 것보다 훨씬 크고 높은 것을 알 수 있다. 더구나 여기에 배수용 측구까지 덧대어 설치되어 더욱 커 보인다. 보행자의 안전과 배수를 고려한 것이라 할 수 있으나 심리적으로 사람들에게 큰 부담을 주고 있으며, 오히려 차량들로 하여금 신속하게 달릴 수 있도록 유도하는 경계가 되어버리고 말았다. 좋은 사례로서 도쿄의 도심에 설치된 경계석과 배수용 홈은 우리의 도로와 같은 기능이 요구됨에도 불구하고 경계석이 낮게 돌출되어 있을 뿐 두드러지지 않으며, 배수로도 단지 선형의 홈으로 대치되어 있을 뿐이다. 정원이나 공원에서도 불필요하게 크거나 설치할 필요도 없는 경계석이 화단이나 공원의 보행로와 녹지, 잔디밭과 포장면을 구분하기 위해 사용되고 있다. 최근 조경가들이 경계를 낮추고 경계를 없애서 부드러운 분위기를 연출할 수 있는 경계처리 방법에 많은 관심을 기울이고 있어 다행스럽다.

③ 유연한 경계

경계석과 마찬가지로 외부공간에는 높고 두꺼운 벽으로 둘러싸인 분수나 못을 볼 수 있다. 사람들은 가까이 가고 싶지만 바라보는 것으로 만족해야 한다. 이러한 문제를 극복한 훌륭한 사례로 일본 도쿄에 있는 박람회장인 빅사이트bigsite의 정원에 만들어진 못

그린엣지. 최근에는 경계를 낮추고 경계를 없애서 부드러운 분위기를 연출할 수 있는 경계처리방법이 사용되고 있다(위)

화강석 경계석 단면. 우리나라에서 일반적으로 많이 사용되고 있는 경계석은 너무 크고 높이가 높아서, 위압적이거나 경직되어 보이는 경우가 많다(좌)

일본 도심내 도로. 우리의 도로와 같은 기능이 요구됨에도 불구하고 경계석이 낮게 돌출되어 있을 뿐 두드러지지 않으며, 배수로도 단지 선형의 홈으로 대치되어 있을 뿐이다(우)

동경 빅사이트의 폰드. 갯벌에 물이 드나드는 것처럼 자유롭게 수위가 올라가고 내려간다. 물을 더 담으면 못은 커지고 적게 담으면 못은 작아지는 살아있는 경계가 되고 있다. 그리고 사람들은 갯벌이나 해변에서처럼 아무런 제약없이 접근할 수 있다

을 살펴보자. 여기에 있는 물은 담겨져 있는 것이 아니라 고여 있다. 갯벌에 물이 드나드는 것처럼 자유롭게 수위가 올라가고 내려간다. 물을 더 담으면 못은 커지고 적게 담으면 못은 작아지는 살아있는 경계가 되고 있다. 그리고 사람들은 갯벌이나 해변에서처럼 아무런 제약없이 접근할 수 있다. 둘러친 벽이 없어서일까 자유로운 쾌적함을 느낄 수 있다.

서울 성공회 서학당길. 차도의 경계선, 콘크리트 배수로, 도로의 경계, 성공회 부지 경계, 식재대, 담의 경계선이 동시에 존재하고 있다. 논리적으로 모두 이해되는 것이지만 마치 선의 모임과 같은 복잡한 양상을 연출하고 있다(좌)

일본 스즈오까 상징몰. 여러 가지 경계와 포장이 만나고 있어, 일면 다양함을 보여주기도 하지만 아무래도 복잡한 느낌을 지울 수 없다(우)

④ 경계의 복잡함

경계부에는 그 속성상 여러 종류의 경계가 만나게 된다. 가장 대표적인 것은 이질적 포장에 의해 만들어지는 경계이다. 경계부는 각각 개별적인 부지의 경계로서 존재하여, 설계나 시공시 통합화된 요소로서 고려되고 있지 않기 때문이다. 물론 다양한 경계는 다층적이면서 다양성을 보여줄 수 있으나 시각적으로는 복잡하거나 미완성의 이미지를 주기 쉽다. 서울 도심가로의 경계부에는 차도의 경계선, 콘크리트 배수로, 도로의 경계, 부지 경계, 식재대, 담의 경계선이 동시에 존재하고 있다. 논리적으로 모두 이해되는 것이지만 마치 선의 모임과 같은 복잡한 양상을 연출하고 있나. 이것은 외부공간 포장의 경계에서도 나타날 수 있다. 여러 가지 경계와 포장이 만나고 있어 일면 다양함을 보여주기도 하지만 아무래도 복잡한 느낌을 지울 수 없다.

⑤ 섬세한 경계의 마감

경계요소를 설계하고 만드는데 있어서 경계요소의 단면과 코너부의 처리에 주의해야 한다. 예를 들어 플랜터 경계석의 단면 경사처리나 경계석 끝단의 처리는 설계가가 늘 고심해야 하는 부분이기도 하다. 돌로 플랜터의 갓돌을 만들 때, 대부분 그 단면은 평평하게 만드는 것이 일반적이다. 이때 비가 오면 식재지의 토양이 흘러나와 플랜터를 지저분하게 오염시키게 된다. 이를 방지하기 위해 흙이 밖으로 흘러나오지 않도록 플랜터의 갓돌을 안으로 경사지게 하는 것이 좋다. 더욱 적극적으로는 갓돌에 배수로를 만들 수도 있다. 또 다른 문제는 쉽게 파괴되는 갓돌의 코너부이다. 갓돌의 코너는 단면의 형태가 날카롭기 때문에 작은 충격에도 쉽게 파괴될 수 있다. 코너를 통돌로 하게 되면 보다 내

1. **한국은행 본점 플랜터.** 플랜터의 갓돌은 흙이 밖으로 흘러나오지 않도록 안으로 경사지게 하는 것이 좋다

2. **선유도공원의 데크.** 당초에는 없던 형광색 페인트가 칠해져 있다. 상단과 하단이 동일한 색의 목재로 높은 단차가 있어 이용자의 안전에 문제가 발생될 것으로 판단된다. 이것을 보완하기 위하여 경계를 쉽게 지각할 수 있도록 개선한 것이다

3. **플랜터 갓돌.** 플랜터 경계석의 단면 경사처리나 경계석 끝단의 처리는 설계가가 늘 고심해야 하는 부분이다

1	2
3	

벽돌로 만든 직선 경계(좌)
콘크리트블록 직선경계(우)

구성 있는 마감을 할 수 있다. 때로는 외부공간에서 경계요소를 빠뜨리거나 왜곡시켰을 때 이용자들에게 심각한 혼돈을 야기하고 심지어는 안전사고의 원인이 되기도 한다. 이용자들은 경계요소가 없다면 별다른 주의 없이 행동을 하기 때문이다. 좌측 페이지의 사진은 상단과 하단이 동일한 색의 목재로 높은 단차가 있어 이용자의 안전에 문제가 발생될 것으로 판단된다. 이것을 보완하기 위하여 데크에는 당초에는 없던 형광색 페인트가 칠해져 경계를 쉽게 지각할 수 있도록 개선해 놓았다.

⑥ 아름다운 경계

경계는 포장을 마감하고 공간을 구획하는 것뿐만 아니라 스스로 외부공간에서 미적요소가 되기도 한다. 일반적으로 포장의 경계는 정형적인 포장과 자유형태의 포장에서 각각 다른 재료와 공법을 사용하게 된다. 포장의 경계로서 벽돌 경계, 콘크리트 블록 경계, 화강석 경계석, 방부목이나 침목 경계와 같은 다양한 방법이 사용되고 있다. 화강석이나 콘크리트 경계석과 같이 길이가 긴 것은 주로 직선의 형태에 사용이 용이하지만 점토블록, 방부목 경계는 직선과 곡선을 자유롭게 만들 수 있으며, 미적으로도 소박하고 섬세한 아름다움을 줄 수 있다.

최근에는 경계를 불규칙한 형태나 예상치 못하게 돌출시키며, 곡선의 경계를 사용하

화강석 경계석 직선경계(위)

히로시마 유카엔. 연못을 감싸고 있는 부드러운 곡선의 경계는 자연스러움을 잘 보여주고 있다(좌)

여 새로운 미적 시도를 하는 경우도 있다. 히로시마에 있는 유카엔은 중국정원을 본 뜬 것으로 중국식 문, 정자, 다리, 창문 등 특징적인 정원요소들로 구성되어 있는데, 여기에 있는 연못은 부드러운 곡선의 경계로 둘러쳐져 있어 자연스러운 경계의 아름다움을 보여주고 있다.

1	3
2	

1. **방부목 경계.** 직선과 곡선을 자유롭게 만들 수 있으며 소박한 아름다움이 느껴지는 경계처리 방법이다
2. **수목보호 경계석.** 최근에는 경계를 불규칙한 형태나 예상치 못하게 돌출시켜 새로운 미적 시도를 하는 경우도 있다
3. **도쿄 우에노 공원의 경계석.** 깬돌을 이용하여 자연스러운 경계를 만들었다

프랑스 시트로앵 공원. 경계는 포장을 마감하고 공간을 구획하는 것뿐만 아니라 스스로 외부공간에서 미적요소가 되기도 한다

새롭게 변화하는 경계

최근 외부공간의 경계에는 많은 변화가 일어나고 있다. 이것은 경계에 개방성, 생명성, 친인간성을 불어 넣기 위한 작업이다. 이중에서 대표적인 것은 근래 몇 년 동안 앞다투어 벌어진 담장 허물기, 열린 벽 만들기 작업이다. 학교나 관공서의 폐쇄적이고 경직된 이미지를 주는 담과 벽을 없애거나 투시형 담장으로 전환하여 개방성을 확보하기 위한 시도이다. 못의 경계를 없애거나 그린에지나 작은 경계석을 사용하여 부드럽고 턱이 높지 않은 경계를 만드는 것 역시 외부공간을 좀 더 친인간적으로 바꿀 수 있는 시도가 될 수 있으리라 생각한다.

지금까지 조경가가 즐겨 사용해 온 경계의 방법은 시공이 편리하고 관리하기에 좋은 방법이었는지 모르나 아이디어가 단순하고 경직되어 이용자들에게는 맞지 않는 것들이 많았다. 물론 경계를 이용하여 공간과 지역을 명확하게 분리하고 차단해야 할 필요가 있다. 그러나 경계가 지나치게 위압적이거나 이질적인 경우에 사람들은 경계 이상의 두려움과 경계심을 느낄 수 있다. 외부공간에서 경계는 때로는 굽이치는 곡선의 부드러움이 필요하며, 자유로운 접근이 가능한 열린 경계로서의 개방성도 필요하다. 때로는 경계가 동물이나 식물의 영역과 같이 변화될 수 있는 가변성도 요구된다. 경계에 대한 진부한 인식을 벗어버리고 새로운 변화를 모색할 수 있는 의식의 변화가 필요하다.

마치며

지금까지 외부공간의 주요한 조형요소인 계단, 흙조형물, 메모리얼, 아치, 벽, 기둥, 바닥, 경계 등의 디테일과 조형적 특성에 대하여 소개하였다. 각 요소는 조경설계 및 시공에서 늘 관심의 대상이 되는 주요한 조형요소이다. 외부공간에서 조경가가 지나치게 의존했던 평면성을 극복하도록 하기 위해 집을 짓는 과정처럼 수평요소로서 바닥, 수직요소로서 벽, 구조요소로서 계단, 기둥, 아치, 그리고 이 모든 것들을 구획하고 경계짓는 부지로서 경계를 다룸으로써 그 틀을 완성하였다.

글을 쓰면서 조형요소는 자연과 문화로부터 아이디어를 빌리고 그 속에서 표출된 것이라는 시각을 견지하였다. 이것은 조경의 양식이 단지 설계도면에 그려진 평면 형태에 의해 좌우되는 것이 아니라 조형요소나 디테일이 양식을 구성하는 주요한 요소임을 주장하기 위한 것이었다. 그래서 여기서 다루고 있는 조형요소는 충분하지는 않지만 어떻게든 모티브로서의 자연과 문화와 연결고리를 확보하고자 하였으며, 조형요소를 시류에 변화하는 유행fashion 보다는 양식style으로 남기를 원하는 마음을 가지고 형태의 원형에 대한 접근을 시도하였다.

아쉬운 점은 우리의 훌륭한 자연과 문화, 그리고 미적 개념이 있음에도 이에 대한 이해가 부족하여 서양미학의 논리로 우리의 것을 폄하하지 않았는지 걱정스럽다. 아울러 이러한 문제를 피하기 위해 조경요소의 문화적 보편성과 인류의 공통성을 강조하였음을 지적하지 않을 수 없다. 앞으로 부족한 부분을 더욱 보완할 것을 약속드리면서 글을 마치고자 한다.

참고문헌

단행본 – 국어

김영기, 한국인의 조형의식, 창지사, 1991
김유봉, 세계 도시건축산책, 주택문화사, 2003
김지영, 설치 예술과 환경 디자인, 광문각, 2004
닐 파킨 엮음 · 남경태 옮김, 우리 세계의 70가지 경이로운 건축물, 오늘의 책, 2004
민경현, 숲과 돌과 물의 문화, 도서출판 예경, 1998
민경현, 主 · 從 · 添과 不等邊三角의 美, 도서출판 예경, 1998
박경자, 한국전통조경구조물, 도서출판 조경, 1997
박용남, 꿈의 도시 꾸리지바, 이후, 2002
서주환 · 진승범, 경관색채학, 명보문화사, 1994
엘리안 스트로스베르 지음 · 김승윤 옮김, 예술과 과학, 을유문화사, 2002
윤국병, 조경사, 일조각, 1991
윤병하, 합, 한국사회문화연구소, 1997
이규목, 도시와 상징, 일지사, 1988
장파 지음 · 유중하 외 4인 옮김, 동양과 서양, 그리고 미학, 푸른숲, 1999
중앙일보, 유네스코 세계유산 서유럽, 2000
진중권, 진중권의 미학 오디세이 작가 노트, 휴머니스트, 2004
최덕원, 남도민속고, 삼성출판사, 1993
최기수 · 이상석, 조경구조학, 일조각, 2002
최순우, 무량수전 배흘림기둥에 기대서서, 학고재, 2002
한국조경학회편, 조경설계론, 기문당, 1999
한석우, 디자이너를 위한 인간공학, 도서출판 조형사, 1997
허균, 한국의 정원(선비가 거닐던 세계), 다른세상, 2003
홍사중, 한국인의 미의식, 전예원, 1982

단행본 – 영어

Anderson, Donald M., *Elements of Design*, New York: Holt, Rinehart and Winston, 1961
Ando, Tadao · Fumihiko, Maki, *Emilio Ambasz Inventions*, New York:Rizzoli, 1992
Arnheim, Rudolf, *The Split and The Structure*, Berkeley: University of California Press, 1966
Arnheim, Rudolf, *Toward a Psychology of Art*, Berkeley: University of California Press, 1966
Baeder, John, *Sing Language*, New York:Harry N.Abrams, 1996
Barrie, Thomas, *Spiritual Path, Sacred Place*, Boston: Shambhala, 1996
Barrow, John D., *The Artful Universe*, Oxford: Clarendon Press, 1995
Beardsley, John, *Earthworks and Beyond*, Cross River Press, Ltd., 1984
Berliner, Helen, *Enlightened by Design*, Boston: Shambhala, 1999
Bird, Richard, *beds and borders*, New York: Stewart, Tabori & Chang, 1998
Brolin, Brent C, *Architectural Ornament(Banishment & Return)*, New York: W.W.Norton & Company, 2000
Brooks, Laura, *Monuments*, New York: Todtri Ltd., 1997
Causey, Andrew, *Sculpture Since 1945*, Oxford: Oxford University Press, 1998
Chang, Amos Ih Tiao, *The Tao of Architecture*, Princeton(NJ): Princeton University Press, 1956
Ching, Francis D.K., *Architecture(Form, Space, and Order)*, New York: John Wiley & Sons, Inc., 1996
Crouch, Dora P. · Johnson, June G., *Traditions in Architecture*, New York: Oxford University Press, 2001
Conran, Terence · Pearson, Dan, *The Essential Garden Book*, London: Conran Octopus, 1998
Cosgrove Denis · Daniels, Stephen, *The Iconography of Landscape*, New York: Cambridge University Press, 1988
Cowan, Henry J. *An Historical Outline of Architectural Science*, New York: Elsevier Publishing Company, 1966
Crandell, Gina, Element: Steps, *Land Forum* 05, 1999

Crowe, Norman, *Nature and the Idea of a Man-Made World*, London: The MIT Press, 1995
Curl, James Stevens, *The Art and Architecture of Freemasonry*, Woodstock: The Overlook Press, 1993
Cutler, Karan Davis, *The Complete Vegetable & Herb Gardner*, New York: Macmillan, 1997
Danby, Miles, *The fires of Excellence*, Reading: Garnet Publishing Ltd., 1997
Davis, Whitney, *Replications(Archaeology, Art History, Psychoanalysis)*, University Park(Pennsylvania): The Pennsylvania State University Press
Doczi, Gyorgy, *The Power of Limits*, Boston: Shambhala Publications, Inc., 1981
Edwards, Paul et. al., *Pergolars Arbours and Arches*, London: Barn Elms, 2001
English Heritage, *Stonehenge and Neighbouring Monuments*, London: Westerham press, 1987
Fagone, Vittorio, *Art in Nature*, Milano: Edizioni Gabriele Mazzotta, 1996
Feldman, Edmund Burke, *Art As Image and Idea*, Englewood Cliffs(New Jersey): Prentice-Hall, Inc., 1967
Fitch, James Marston, *American Building(The Environmental Forces That Shape it)*, New York: SCHOCKEN BOOKS, 1972
Flusser, Vilem, *The Shape of Things(A Philosophy of Design)*, London: Reaktion Books, 1999
Fontana, David, *The Secret Language of Symbols*, San Francisco(CA): Chronicle Books, 1994
Frutiger, Adrian, *Signs and Symbols*, New York: Van Nostrand Reinhold, 1989
Gardner, Helen, *Art through the Ages (3rd ed.)*, New York: Harcourt, Brace and Company, 1948
Gettings, Fred, *The Meaning and Wonder of art*, New York: Golden Press, 1963
Gibson, Clare, *Sign & Symbols*, New York: Barnes & Noble, 1996
Gilbert, Alma M. · Tankard, Judith B., *A Place of Beauty*, Berkeley: Ten Speed Press, 2000
Gilbert, Rita, *Living with Art(4th ed.)*, New York: McGraw-Hill, Inc., 1995
Goldworthy, Andy · David, Craig, *Arch*, New York: Harry N. Abrams, Inc., 1999
Gombrich, E.H., *The Uses of Images*, London: Phaidon Press Limited, 2000
Grande, John K., *Intertwinning*, London: Black Rose Books, 1988
Greenough, Horatio, *Form and Function*, Berkeley: University of California Press, 1947
Halprin, Lawrence, *The Franklin Delano Roosevelt*, San Francisco: Chronicle Books, 1997
Harbison, Robert, *Thirteen Ways*, London: The MIT Press, 1997
Harington, Leslie, *Urban Pavement Design*, 圖書出版 現光
Hartman, Taylor, *The Color Code*, New York: A Fireside Book, 1998
Heathcote, Edwin, *Monument Builders*, ACADEMY EDITIONS, 1999
Heron, Patrick, *The Changing Forms of Art*, New York: The Noonday Press, 1955
Hersey, George, *The Monumental Impulse(Architecture's Biological Roots)*, London: The MIT Press, 2001
Hope, Jane, *The Secret Language of the Soul*, San Francisco(CA): Chronicle Books, 1997
Humphrey, Caroline · Piers, Vitebsky, *SACRED ARCHITECTURE*, Boston: Little, Brown and Company, 1997
Hunt, John Dixon, *Greator Perfections(the Practice of Garden Theory)*, Philadelphia: University of Pensylvania Press, 2000
Inaji, Toshiro, *The Garden as Architecture*, Tokyo: Kodansha International, 1990
Ivins, William M. Jr., *Prints and Visual Communication*, Cambridge: The M.I.T. PRESS, 1982
Johnson, Jory, *Modern Landscape Architecture*. New York: Abbeville Press, 1991
Juracek, Judy A., *Surfaces*, New York: W.W. Norton & Company, Inc. 1996
Kirkwood, Niall, *The Art of Landscape Detail(Fundamentals, Practices, and Case Studies)*, New York: John Wiley & Sons, Inc., 1999
Kobayashi, Yumiko · Ryo, Watanabe, *New York Detail*, San Francisco: Chronicle Books, 1993
Kluckert, Ehrenfried, *European Garden Design*, Cologne: Konemann, 2000
Lippard, Lucy R., *Overlay(Contemporary Art and the Art of Prehistory)*, New York: Pantheon Books, 1983
Livingston, Morna, *Steps to Water(The Ancient Stepwells of India)*, New York: Princeton Architectural Press, 2002
Lowry, Bates, *The Visual Experience*, Englewood Cliffs(N.J.): Prentice-Hall, Inc.,
Loxton, Howard, *The Garden*, London: Thames and Hudson, 1991
Lynch, Kevin, *The Image of the City*, The M.I.T. Press, 1960
Lyndon, Donlyn · Moore, Charles W., *Chambers for a Memory Palace*, London: The MIT Press, 1997, p.51

Mayo, James M., *War Memorials as Political Landscape*, London: Praeger, 1998
Melchior, Cleo Baldon, Cleo · Ib Melchior · Julius Shulman, Julius, *Step & Stairways*, New York: Rizzoli International Publications, Inc., 1989
MetroBooks, *Door*, 2000
Michelis, Panayotis A., *Aisthetikos*, Detroit: Wayne State University Press, 1977
Mitchell, William J., *The Logic of Architecture*, London: The MIT Press, 1998
Miller, Sara Cedar, *Central Park, An American Masterpiece*, New York: Harry N.Abrams, Inc., 2003
Moore, Charles W. · Mitchell, William J. · Turnbull, William, Jr., *The Poetics of Gardens*, London: The MIT Press, 1997
Mundt, Ernest, *ART, FORM, and CIVILIZATION*, Berkeley: University of California Press, 1952
Nagle, Judy, *The Responsive Arts*, Palo Alto(California): Mayfield Publishing Company, 1982
Onians, John, *Bearers of Meaning(The Classical Orders in Antiquity, the Middle Ages, and the Renaissance)*, Princeton(New Jersey): Princeton University Press, 1988
Panofsky, Erwin, *Meaning in the Visual Arts*, Garden City(N.Y.): Doubleday & Company, Inc., 1955
Pile, John E., *Design(Purpose, Form and Meaning)*, New York: W.W.Norton & Company, Inc., 1979
Pizzoni, Filippo, *The Garden: A History in Landscape and Art*, New York: Rizzoli International Pub. Inc., 1997
Plumptre, George, *Garden Ornament*, Thames and Hudson, 1989
Pothorn, Herbert, *Architectural Style*, New York: Facts on File Publications, 1979
Potteiger, Matthew · Jamis, Purinton, *Landscape Narratives*, New York: John Wiley & Son, Inc, 1998
Preece, R.A., *Designs on the Landscape*, London: Belhaven Press, 1991
Reid, Grant W., *From CONCEPT to FORM in LANDSCAPE DESIGN*, New York: JOHN WILEY & SONS, Inc., 1993
Reynolds, Donald Martin, *Monument and Masterpieces, New York*: Thames and Hudson Inc., 1988
Rogers Elizabeth Barlow, *Landscape Design(A Cultural and Architectural History)*, New York: Harry N. Abrams, Inc., 2001
Rosman, Abraham · Rubel, Paula G., *The Tapestry of Culture*, Boston: McGraw Hill, 1998
Roth, Leland M., *Understanding Architecture(Its Elements, History, and Meaning)*, Boulder(Co): Westview Press, 1993
Royal Horticultural Society, *Paths and Paving*, London: Dorling Kindersley, 1999
Rykwert, Joseph, *The Dancing Column*, Cambridge: The MIT Press, 1980
Seiberling, Frank, *Looking into Art*, New York: Holt, Rinehart and Winston, 1959
Schaal,Hans Dieter, *Landscape as Inspiration*, Academy Edition Ernst & Sohn, 1994,
Smith, Michael Llewellyn, *Athens*, Oxford: Signal Books, 2004
Spirn, Anne Whiston, *The Language of Landscape*, London: Yale University Press, 1998
Stevens, David, *Garden walls and floors*, London: Conran Octopus, 1999
Stokstad, Marilyn, *Art History volume one*, New York: Harry N. Abrams, 1995
Taylor, Harold, *Art and the Intellect*, New York: The Museum of Modern Art, 1960
Tiberghien, Gilles A., *Land Art*, New York: Princeton Architectural Press, 1995
Topos ed., *Parks*, Berlin: Birkhauser, 2002
Treib, Mark. ed., *Modern Landscape Architecture: A Critical Review*, Cambrige: The MIT Press, 1993
Upton, Dell, *Architecture in the United States*, Oxford: Oxford University Press, 1998
Webb, Michael · Arnold, Schwartzman, *It's great wall!*, New York: Watson-Guptill Pub, 2000
Weilacher, Udo, *Between Landscape Architecture and Land Art*, Berlin: Birkhauser, 1999
Whittick, Arnold, *Symbols Signs and their meaning*, Massachusetts: Charles T. Branford Co., 1961
Young, James E., *At Memory's Edge*, New Haven and London: Yale University Press, 2000
Young, James E., *The Art of Memory: Holocaust Memorial in History*, New York: Prestel-Verlag, 1994
Young, James E. (ed.), *Holocaust Memorials*, New York:Prestel-Verlag, 1994

잡지

이상석, 미학적 측면에서 바라 본 조경재료의 물성, 환경과 조경 제 174호(2002년 2월)
이상석, 조경시공교육의 어제와 오늘, 조경시공 제 1호(2004년 2월)

이상석, 조경디테일 "계단", 조경시공 제 2호, (2003년 5월)
이상석, 조경디테일 "흙 조형물", 조경시공 제 3호(2003년 7월)
이상석, 조경디테일 "메모리얼", 조경시공 제 4호(2003년 9월)
이상석, 조경디테일 "아치", 조경시공 제 5호(2003년 11월)
이상석, 조경디테일 "벽", 조경시공 제 6호(2004년 1월)
이상석, 조경디테일 "기둥", 조경시공 제 7호(2004년 3월)
이상석, 조경디테일 "바닥", 조경시공 제 8호(2004년 5월)
이상석, 조경디테일 "경계", 조경시공 제 9호, (2004년 7월)
진양교, '조경:사람과 땅이 어울린 이야기', 환경과 조경 통권 제 179호(2003년 3월)
환경과 조경, '서울시청앞 광장조성 설계공모', 환경과 조경 제 179호(2003년 3월)
Calkins, Meg, Power and Light, Landscape Architecture v90(7)(2000)
O'Connell, Kim A, The Gates of Memory, Landscape Architecture v90(9)(2000)
Rodriguez, Alicia, New Meaning for an Old Wall, Landscape Architecture v90(1)(2000),
The commission of fine arts, War memorials, Landscape architecture v37(1946)

신문

이광표의 메트로 스케치, "서울거리 수놓은 이색 바닥장식물", 동아일보 2003년 6월 27일자
이광표의 메트로 스케치, "세월의 흔적이 빚은 '회색빛 낭만'", 동아일보 2003년 10월 11일자

논문 및 논문집

유병림, 공원설계에서 기념성의 문제, 한국조경학회지 제23권4호(1996)
이상석, 기념성을 구현하기 위한 조경디테일의 특성, 한국조경학회지 제29권 5호(2001),
이상석, 외국인 묘지 기념물의 디테일 특성, 한국조경학회 제31권 6호(2004.2)
이상석, '조경시공의 접근 방법 및 사례', 서울시 건설관련 공무원 전문교육(임업), 서울시립대학교 도시과학대학원, 2003.8
조형준, 고대 석조하치교량의 역학적 특성에 관한 연구, 연세대학교 대학원 석사학위논문, 1983.12
Dulat, Rageshwar Kaur, Symbolism at Shalimar Bagh, Lahore, Critiques of built works of landscape architecture Vol. 2(1995)
Jellicoe, G. A., Water, Studies in Landscape design Vol II.(1966), London: Oxford university press
Jellicoe, G. A., The landscape of symbols, Studies in Landscape design Vol III(1970), London: Oxford university press
Jorgensen, Karsten, Semiotics in Landscape Design, Landscape Review 4(I)(1998)
Lavoie, Caroline, The wall/ruin: meaning memory in landscape, Landscape Review 4(I)(1998)
Wasserman, Judith R., To trace the shifting sands: Community, Ritual, and the Memorial Landscape, Landscape Journal 17(1998)

찾아보기

찾아보기